神秘海洋之旅
SHENMI HAIYANG ZHI LÜ

才学世界　主编：崔钟雷

吉林美术出版社｜全国百佳图书出版单位

图书在版编目（CIP）数据

神秘海洋之旅／崔钟雷主编．—长春：吉林美术
出版社，2010.9（2022.9 重印）

（才学世界）

ISBN 978 - 7 - 5386 - 4695 - 5

Ⅰ.①神… Ⅱ.①崔… Ⅲ.①海洋－青少年读物
Ⅳ.①P7－49

中国版本图书馆 CIP 数据核字（2010）第 174194 号

神秘海洋之旅

SHENMI HAIYANG ZHI LÜ

主　　编	崔钟雷	
副 主 编	刘志远　芦　岩　杨亚男	
出 版 人	赵国强	
责任编辑	栾　云	
开　　本	787mm×1092mm　1/16	
字　　数	120 千字	
印　　张	9	
版　　次	2010 年 9 月第 1 版	
印　　次	2022 年 9 月第 4 次印刷	

出版发行　吉林美术出版社

地　　址　长春市净月开发区福祉大路5788号
　　　　　邮编：130118

网　　址　www.jlmspress.com

印　　刷　北京一鑫印务有限责任公司

ISBN 978 - 7 - 5386 - 4695 - 5　　定价：38.00 元

前 言
foreword

烟波浩渺的大海是那样令人向往，它时而风平浪静、温柔似水；时而波涛汹涌，浊浪滔天，充满了神奇的魔力，所以总是让人们着迷不已，总是想不断地探究其中的奥秘。随着科学技术的不断发展和进步，人类掌握了许多有关海洋的知识，对海洋的了解也已经越来越多，然而仍然有许多问题还有待于人们进一步探索和挖掘，而这一重任则落到了广大青少年朋友的身上。

海洋占地球表面积的71％，海洋孕育了地球上的生命，它对于人类来说既亲切又神秘。我国是一个海洋大国，海洋国土面积300多万平方千米。目前，在可持续发展的战略规划中，海洋的作用越来越突出。开展海洋信息共享，建立集海洋经济、资源、环境、灾害、生态等于一体的海洋信息共享网络服务系统，对于实现我国海洋的综合管理，提高人们的海洋意识，实施海洋强国和可持续发展战略具有巨大的科学效益、社会效益和潜在的经济效益。

为了满足孩子们对海洋知识的渴望和好奇，我们特编辑了这本《神秘海洋之旅》。本书从海洋的诞生、海底结构、海港、海洋气候、海洋休闲、海洋生物、海洋资源、海洋环境、海洋之谜等几方面出发，全面介绍了海洋科普知识，揭开了海洋神秘的面纱，让孩子们与海洋亲密接触！

编　者

目录

CONTENTS

神秘海洋之旅
SHENMI HAIYANG ZHI LÜ

认识海洋

海洋之旅
海洋的形成

地球通常被称为"蓝色的星球"，这是因为地球表面的 2/3 都被海水所覆盖。当太阳光照射到清澈的海面上时，就会反射出蓝色的光，所以我们看到的海洋是蓝色的。我们今天所看到的海洋，其形成历程复杂而奇妙。从太空中遥望，宇航员就会看到一个蓝色的星球。

海洋的诞生

海洋的浩瀚与神秘令人向往，它孕育了地球上最原始的生命。今天，地球上约有 70% 的面积被水覆盖；地球上 97% 的水存在于海洋中，而地球上 97% 的生物生存于海洋里。

在地球形成的最初阶段，巨大的星际碰撞有规律地发生着，大量的尘埃被释放到大气中，遮住了所有的阳光，使地球陷入黑暗之中。

大约四十四亿年前，行星撞击次数的减少使岩浆的活动减弱，地球的表面开始冷却。渐渐地，冷凝的岩浆变成了一层薄而黑的地壳覆盖在地球上。虽然行星撞击和火山喷发会频繁地把地壳撕开，将炽热的岩浆喷向天空，但是随着撞击的不断减少，冷却在不断进行，地球表面形成了越来越厚的地壳。冷却使大气中的水蒸气冷凝，并且以降雨的形式落到地面上。这些雨水积少成多，渐渐形成了地球上的第一个海洋。这时

火山喷发和降雨使海洋有了盐度

的海水是呈酸性的，而且温度很高，大约为 100℃。火山喷发和大量的降雨把一些盐类物质带入海洋中，使海洋开始有了一点盐度。环绕地球的大气中仍充满着二氧化碳，并且密度很大，具有腐蚀性。随着越来越多的冷凝水的形成，阳光开始穿透黑云。这时，海的周围矗立着高高的环形山，但水的侵蚀作用是巨大的，凶猛的洪水冲向深谷，冲刷着山峰。

地球上 7/10 的面积被水覆盖

那些高大的环形山逐渐被海浪磨低或冲击得支离破碎，海岸山系慢慢形成。而后来的几次小行星撞击又使海洋产生了滔天巨浪，整个地球海啸盛行。

海岛的形成

大陆漂移学说的创始人魏格纳认为：大约在 2.5 亿年以前，现在的各大洲是一个单一的大陆——泛大陆，只有一个古老的大洋环绕在大陆周围。

随着潮汐作用和地球自转离心力作用的发生，在大约 1.8 亿年前，泛大陆分为两大块，即劳拉西亚古陆和冈瓦纳大陆；同时，古地中海和古加勒比海也开始形成。约一亿年前，非洲大陆和美洲大陆开始分裂，大西洋开始形成。接着，澳大利亚、南极洲和亚洲分离，中间形成印度洋。移动大陆的前沿遇到玄武岩质基底的阻挡，产生了因挤压和褶皱而隆起的高山，而在大陆移动过程中脱落下来的"碎片"逐渐变成了岛屿。

地球及其海洋的演化一直以来都是科学家们所关注的话题。根据地球发展演变的过程，专家们将地球生命史分为古生代、中生代和新生代等几个发展时期。

海洋之旅
海底地形

据资料显示，世界上海洋的平均深度为 3800 米，在海水的掩盖下，人们很难了解海底的面貌。其实，海底并不是人们想象中那么平坦，跟陆地一样，那里有雄伟的高山，有深邃的海沟与峡谷，还有辽阔的平原。太平洋中的马里亚纳海沟是大洋的最深处，其底部在海平面以下 11034 米，将世界最高峰珠穆朗玛峰放进去，山顶距海平面还有近二千二百米的距离。

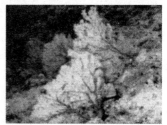

海洋地形构造非常复杂，主要由大陆架、大陆坡、海盆和大洋底部的海沟、海底平顶山、大洋中脊及海底火山等组成。

大陆架

大陆架最接近陆地，是陆地向海洋延伸并被海水淹没的部分。大陆架的坡度极为平缓，海水很浅，一般只有几百米，约占海洋总面积的 7.5%。

大陆坡

大陆架再往外是相当陡峭的斜坡，它急剧向下可达 3000 米深，这个斜坡叫"大陆坡"，从大陆坡往下便是广阔的大洋底部。大陆坡上也常常有深邃的峡谷地形，其规模可达数千米，比陆地上最大的峡谷还要险峻。

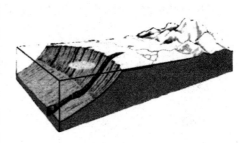

大陆坡的位置

大陆坡的形成

如果看一下太平洋、大西洋、印度洋的海底图，你会发现，大陆坡像一条飘带一样环绕着整个海洋。从图上看，它只是微不足道的很窄的一条，但若用具体数字表示，它可是地球上最大的斜坡。大陆坡的顶部是大陆架的边缘，水深 100 米~200 米，底部在深海底，水深3000 米~4000 米，其宽度从十几千米到几十千米不等。实际上，大陆坡就是海盆的边缘，如果把海洋比作一个大水盆，大陆坡就是围绕水盆四周的边。大陆坡地质结构属于陆地地壳。

钓鱼岛

说起钓鱼岛，人们应当不会陌生。然而它是怎么来的呢？

中国的渤海、黄海均为大陆架浅海，黄海南部与东海大陆架连在一起，在东海的东部有一条深海沟，称为冲绳海沟。冲绳海沟南北长1000 千米、东西宽 150 千米、最深处达二千七百多米。

东海大陆坡就是从东海大陆架到冲绳海沟的大斜坡，高低差可达2500 米。东海大陆架也是一个巨大的盆地，大约四千米深，盆地的边缘是一列海底山岭，这道山岭拦截了从中国大陆上河流带来的泥沙，渐渐把这四千米深的盆地填成浅海；而山岭的向海一侧便是冲绳海沟，火山物质从地下深处喷上来，使海沟开裂扩大，朝着大洋的方向演化。

东海大陆架边缘的钓鱼岛等岛屿自古以来就是中国的领土；在地质上，它是台湾东部山岭的延伸，它们拦截了长江、黄河等河流带来的泥沙及有机营养物，形成了 4000 米厚的堆积层，其中富含石油、天然气。如果没有中国大陆河流供应泥沙物质，东海也像冲绳海沟一样，是个深几千米的充满海水的海盆。因此，从这方面来看，东海大陆架、大陆坡是中国东部陆地及山脉向海洋的自然延伸，是由中国陆地物质养育而成的。而冲绳海沟作为一个天然分界，把中国沿岸的大陆架、大陆坡与琉球群岛海域隔开，形成了两个截然不同的海域。

海底大峡谷

与一般的海底峡谷不同，有些海底峡谷同陆地上的河流相连接，比如北美洲东海岸的哈德逊海底峡谷，其源头是哈德逊河，河流流入海洋，在海底有个浅平的谷地，进入大陆坡海底，谷地也随之加深，谷底与海底的高差达 1000 米，到深海海底时，峡谷消失。

大洋中脊

海洋底部也有许多同陆地上一样宏伟的山脉。20 世纪初，德国海洋考察船"流星"号首先发现大西洋中部洋底横亘着一条南北走向的巨大山系，此山系呈"S"形，与人体的脊椎很相似，由此得名"大西洋中脊"。大西洋中脊向北延伸至北冰洋，在北冰洋中部形成了中央海岭和罗蒙罗索夫海岭。巨大的海岭山系从太平洋北端进入太平洋，由太平洋的东部继续向南发展，并在太平洋的南部转向印度洋。由于这条山系明显偏于太平洋的东侧，所

"S"形大西洋中脊

以被称为"东太平洋海岭"。而进入印度洋的山系由于是沿东西方向穿过印度洋，所以人们称这条山系为"印度洋中脊"。据测量发现：这条存在于大洋底部的巨大山脉，绵延不绝，首尾相连，总长度达八万多千米。它的面积总和差不多是五大洲陆地面积之和。大洋中脊的发现，是 20 世纪人类最伟大的地理发现之一。

海沟

大洋底部不仅有绵延高耸的山脉，还有深逾万米的海沟，其中最著名的是马里亚纳

海沟。马里亚纳海沟南北长 2550 千米，东西宽七十余千米，海沟陡崖壁立，深深嵌在马里亚纳群岛东侧的洋壳之中。探测证明，海沟的最大深度为 11034 米，是已知世界最深的地方。人们通过探测得知：在海洋的江河入海处，有在陆地上难以见到的"V"字形大峡谷，谷深达 2000 米 ~ 4500 米，其末端远离河口并一直延伸到数千米的大洋深处。

深海平原

深海平原一般分布于深海丘陵附近，水深为 3000 米 ~ 6000 米。它表面光滑而平整，面积较大，可延伸数百千米至数千千米，其面积远远超出了陆地平原的面积。

地球灾难的发源地

太平洋是世界上最大的大洋。人们打开世界地图可以看到，太平洋西部有一连串的深海沟，与海沟紧挨在一起的是一串呈弧形排列的海岛——岛弧。从北向南，先是阿留申群岛与阿留申海沟（深 7822 米）；而后是千岛群岛与千岛海沟（深 10546 米），日本岛弧与日本海沟（深 9997 米）；马里亚纳海沟和汤加群岛与汤加海沟（深 10881 米）以及菲律宾群岛与菲律宾海沟（深 10485 米）。

岛弧是由于海底火山喷发而形成的海岛。海沟长几百千米至一千多千米，宽几十千米至一二百千米，比周围海底要深几千米。海沟与岛弧的位置非常特殊，它们处在大陆地壳与海洋地壳交界处。由于地壳运动，地球上大部分火山与地震灾害大多发生在这里，占到全世界地震灾害的 80% 以上。

地震与岛弧、海沟的联系是很紧密的：在岛弧与海沟区常发生浅

源地震（震源深度在 70 千米以内），越往大陆一侧，震源越深，出现中源地震（震源深度为 70 千米 ~ 300 千米），更靠近大陆则分布着深源地震（震源深度超过 300 千米）。如果人们把震源归纳起来，大致成一

个倾斜的平面，即从岛弧、海沟开始，以40°的倾角向大陆一侧倾斜，似乎地球被一把"利斧"以40°倾角砍了一刀，刀痕呈弧形；而"利斧"砍入地下700千米深，刀痕在地球内部却是一个平面，所有的火山活动、地震以及地幔岩浆的喷涌都发生在地球的这个"伤口"上。

造成灾难的原因

岛弧、海沟是大陆板块与海洋板块交接的地方。地球内部地幔物质的热对流运动，使大陆板块及海洋板块发生水平移动，它们互相碰撞，海洋板块向下弯曲被挤压而插到大陆板块下面。当这种挤压弯曲超过它的刚性强度时，板块就会发生断裂，这时就会发生地震。海洋板块在不同深度上发生断裂，地震就在不同深度上发生。而当海洋地壳被挤到700千米深时，就会被地球深处温度很高的岩浆所熔化。这样，断裂就不会发生，也就不会产生地震，所以最深的震源不会超过700千米。在海洋板块向大陆板块挤压插入的过程中，地球内部的岩浆会沿着大陆边缘的裂隙上升，喷出地表，形成火山岛弧。

台湾就是太平洋板块插到亚洲大陆板块下面形成的岛弧，其地区为地震多发区，浅源地震对地面破坏力最大。

比如1999年9月21日的台湾大地震，就是两个地壳板块碰撞产生的浅源地震。

海洋之旅

海 水

海水不同于人们平常所使用和饮用的水，它不是无味的，而是又苦又咸的，因为海水中有许多矿物质，这些物质中含有与食盐相同的成分，所以海水就有了咸味。世界上盐度最低的海是波罗的海，其盐度只有 $70‰ \sim 8‰$。广阔、蔚蓝的海水点缀着我们的地球。

海水的颜色

一般人们看到的海水是蓝绿色的，这同天空为何是蓝色的道理一样：当太阳光照到海面上时，阳光中的红色、橙色和黄色光很快被海水吸收，而蓝色和绿色光由于能射入水中较深，因此它们被海水分子散射的机会也最大。海水的颜色是由海洋表面的海水反射太阳光和自海洋内部的海水分子散射太阳光的颜色决定的，所以海水看上去多呈蓝色或绿色。

海水的味道

在海洋形成后的很长一段时期内，海水是没有咸味的。而今天的海水之所以苦涩，是因为在数亿年的发展演变中，陆地岩石里的盐和可溶性物质不断被雨水溶解，并随雨水流入海洋之中，而海底火山的喷发，又为海水提供了大量的氧化物和碳酸盐等物质。在这种双重力量的作用下，经过数亿年的海水溶解和海流搬运，整个海洋就由淡而无味逐渐变为咸涩味苦了。

海水中的盐

由于海水中含盐量很高，所以海水尝起来是咸涩的。据测定，海

水中的含盐量大约是 3.5‰。这里所说的盐，不是我们日常生活中所食用的盐，而是化学概念上的盐，它包括我们日常所吃的食盐成分氯化钠，也包含硫酸钙、氯化钾、硫酸镁、氯化镁等物质。由于海水的体积是非常庞大的，所以它的含

海盐外观

盐量也是巨大的，大约为五亿亿吨，其中氯化钠，也就是食盐约占 80%。

大气圈中的水循环

大气圈中的水循环在水的大循环中占有非常重要的地位。水从海洋中蒸发成为气体，以气团形式被带到高空，它构成了大气中水分的主要来源。条件成熟时，大气中的水汽又形成雨、雪（冰雹）等降落下来，然后又以河流、湖泊等地表水或地下水的方式，返回到海洋之中。人们在不断的调查中发现，非洲撒哈拉沙漠下有一个"化石"水层，它从最后一次冰期起就一直积储在那里。这古老的"化石"水层在千万年时光的推移中，一直在向海洋方向缓慢地移动。

海水的深度与压力

海水压力指的是海水中某一点的压力，即这一点单位面积上水柱的重量。那么海水的压力与海水的深度有什么关系呢？通过物理学上的计算可以得知，海水深度每增加 10 米，压力便会增加约一个大气压。以此推算下去，在 1000 米水深处，其压力约为一百个大气压。在这么大压力的作用下，普通的木块能被压缩到它原来体积的一半。

海洋之旅
海浪与潮汐

海水总是处于无休无止的运动之中。到过海边的人都会看到，海水总是在摇动激荡着。从表面看，大海的运动仿佛是混乱无序的，但实际上，它是很有规律的。海水的主要运动方式分为周期性的振动和非周期性的移动两种。周期性振动形成了海水的波动，即海浪和潮汐。

海浪

海洋渔业、海上运输及海岸工程等都受海浪的影响，所以人们特别注意对海浪规律的研究工作，以便于更好地利用它。那么，海浪又是怎样形成的呢？阵风吹过海面时，会对局部海区产生作用力，使得海面变形，形成了海浪。如果海风持续不断，那么在连续风力的作用下，海面上会形成多个浪波传递的情形，最后就形成了波浪。

海浪的缔造者——风

风刮过海面时，一方面会对海面产生压力，另一方面通过摩擦把

能量传递给了海水。海面接收到来自风的动能，开始产生运动，形成了微波。微波出现后，原来平静的海面发生了起伏，这使海面变得粗糙，加大了海面的摩擦性，给风继续推动海水运动提供了有利条件。于是，在风力的相助下，波浪逐渐成长壮大。所以"风大

浪也大"的说法是有其道理的。但是，偶尔风大时，浪却不一定也大，这是因为波浪的大小同时还取决于风影响海域的大小。在生活中，通过细心观察你可以看到：无论遇到多大的风，小水池里也起不了惊涛骇浪；同样，即使在广阔的海上，短暂的大风也不会形成大浪。所以，波浪的大小不仅与风力大小有关，还与风速、风区海域的大小有关。

波浪的能量

波浪发生时所产生的巨大动能令人吃惊：一个巨浪就可以把13吨重的岩石抛出20米高；一个波高5米，波长100米的海浪，在1米长的波峰片上竟具有3120千瓦时的能量。由此可以想象，整个海洋的波浪加起来会有多么惊人的能量。人们通过计算得出：全球海洋的波浪能可产生700亿千瓦时的电量，可供开发利用的为20亿千瓦时~30亿千瓦时，如果把它们转化为电能，则每年的发电量可达90万亿千瓦时。目前，大的波浪发电装置还在研究实验阶段，但小型的波浪发电装置已经投入实际应用。比如，人们利用波浪发电装置为航标灯提供电源，以替代电池。

风暴潮

风暴潮是一种灾害性的天气，主要是由气象因素引起的，所以又被称作气象海啸。当海上形成台风，出现局部海面水位陡然增高，又恰好与潮

风暴潮的卫星图片

汐的大潮叠加在一起时，就会形成超高水位的大浪。如果此时再遇上特殊地形、气压等因素，那么冲向海岸的海浪就可能给在沿岸生活的人们造成巨大的损失。

海啸

海啸往往伴随海底地震或海底火山爆发一同出现，为海水产生的一种巨大的波浪运动。海啸会使海水水位突然上升，形成巨大的波浪，水波以极快的速度从震源传播出去。当这巨浪冲上海岸时，就会泛滥成灾，给人民的生命财产造成极大的威胁。又由于海啸往往出现得非常突然，情景十分可怕，因此所造成的灾害也异常巨大。

潮汐

人们通过观察发现：海水涨落很有规律，一般为每天两次，即白天一次，晚上一次。为了便于区分它们，人们把白天海水的涨落叫作潮，晚上海水的涨落叫作汐。每天潮与汐所间隔的时间总是不变的，每日两次涨落期，需要 24 小时 50 分钟。由于一天是 24 小时，所以潮汐的作息时间每天要推迟 50 分钟，这更接近于月亮的公转时间。

潮汐形成的原因

潮汐形成的原因来自两个方面：一是太阳和月球对地球表面海水的吸引力，人们称其为引潮力；二是地球自转产生的离心力。由于太阳离地球太远，所以常见潮汐的引潮力主要来自月球。大家知道，月球不停地绕地球旋转，当地球某处海面距月球越近时，月球对它产生的吸引力就越大。在月球绕地球旋转时，它们之间构成一个旋转系统，有一个旋转重心。这个重心的位置并不是一成不变的，它随着月球的运转和地球的自转，在地球内部不断改换，但却始终偏向月球这一边。地球表面某处的海水距离这个重心越远时，由于地球的转动，此处海水所产生的离心力就会越大。由此可以看出：面向月球的海水所受月球引力最大，反之则受离心力最大。在一天之内，一昼夜之间，地球上大部分的海面有一次面向月球，一次背向月球，所以会在

一天内出现两次海水的涨落。

潮汐是永恒的能源

在海水所有运动变化形式之中，潮汐是最为常见、最重要的一种。而它在运动时所产生的能量，是人类最早利用的海洋动力资源。在唐朝时，中国的沿海地区就出现了利用潮汐来推磨的小作坊。11世纪—12世纪，法、英等国也出现了潮汐磨坊。到了20世纪，人们开始懂得利用海水上涨下落的潮差能来发电。现在，世界上第一个潮汐发电厂位于法国英吉利海峡的朗斯河河口，一年供电量可达5.44亿千瓦时。据估计，全世界的海洋潮汐能有二十多亿千瓦时，每年可发电12400万亿千瓦时。因此有些专家断言，潮汐将成为人类未来清洁能源的主力军。

钱塘江大潮

在每年的农历八月十八日，人们会从四面八方赶到浙江海宁盐官镇的钱塘江大堤上，观看蔚为壮观的钱塘江大潮。每到这天，远处的江面上泛起层层白色浪花，数米高的"水墙"，以排山倒海之势，翻卷奔涌而来，整个江面白浪滔天，汹涌澎湃。这就是举世闻名的钱塘江大潮。

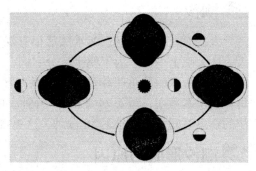

大潮和小潮

那么，如此壮观的景象是怎样形成的呢？

首先，这与钱塘江自身的径流量和地理位置以及其入海口杭州湾的形状有关。钱塘江河道自澉浦以西，急剧变窄抬高，致使河床的容量突然缩小，而杭州湾又呈喇叭状，口大肚小。在这样的形势下，大量潮水拥挤入狭浅的河道，潮头受到阻碍，后面的潮水又急速推进，迫使潮头陡立，再加上发生大潮的地方又是东海西岸潮差最大的方位。这所有的原因凑在一起，便促成了钱塘江大潮的发生。

海洋之旅

海 流

当大洋中的海水有规则地运动时，就形成了海流。有人把海流比作海洋中的河流。海流是历代航海家在对海洋的不断探索中发现的；近代海洋学家根据前人的资料，绘制出了比较精确的大洋环流图。

海流的形成

因为大洋中的海流多受大气洋流影响而产生，所以海风就成为大洋表层海流形成的主要原因。人们知道，赤道和低纬度地区的气温高，空气受热膨胀上升，形成低气压，使两极寒冷而凝重的空气受热膨胀，形成冷风，从两极贴着地球表面吹向赤道，而热风从赤道升入高空向两极流动，这样就形成一个连续不断的流动气环。这种空气的

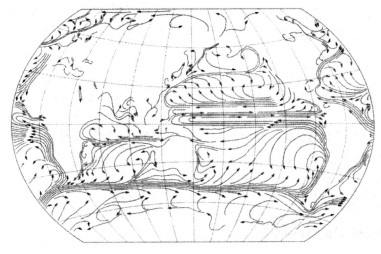

世界洋流分布图

不断流动，就是我们最常见的风。由于受地球自转等因素的影响，原本正南、正北的风向发生了偏移，在地球表面形成了风带。在广阔的大洋海面上，风吹水动，某处的海水被风吹走了，邻近的海水马上补充过来，连续不断，形成海水流动。这种由风直接影响产生的定向海水流动叫作风海流。一般来说，我们生活的北半球，赤道附近海域热辐射较强，一年四季形成强劲的东北信风；而在高纬度地区，则终年吹西风。在这两股强劲信风的共同作用下，大洋海水向西流动，形成北赤道流，它横跨太平洋，全长 1.4 万千米以上。在大气环流作用下的大洋环流，又有暖流和寒流之分。暖流的海水温度比周围海水略高，寒流反之。在暖流中，有两支特别强大的海流，它们分别是太平洋里的黑潮和大西洋里的墨西哥暖流，又称大西洋湾流。

海流犹如人身体里的"血液"，大洋环流就像人体内的"大动脉"，而浅海水域里的海流，则像人体里的"毛细血管"。大大小小的海流循环不绝，把海水从一个海域带到另一个海域；把底层的海水提升到表层。不同形式的海水流动维持着海洋的能量与生态平衡，而大气、海洋间的能量交换，则调节着全球的气候变化。

南极环流

南半球盛行的西风带促成了南极环流的形成。在强劲西风的作用下，产生了强大的风海流。由于这股海流环绕着南极大陆，在南纬35°~65°的海域流动，所以被称为南极环流。南极环流对太平洋、大西洋和印度洋的深层水混合起着重要作用，它又把这三大洋的水连成一体，堪称世界海洋中最强的海流之一。同时，它对世界气候也产生了非常重大的影响。

地中海升降流

地中海处于欧洲、亚洲、非洲三块大陆包围之中，人们发现：大

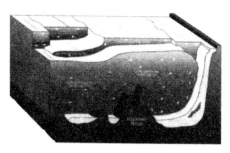

西洋中的海水长年累月注入地中海，却不见流出，也不见海水增加，这着实令人费解。后来，科学家发现了地中海密度流，才知道地中海与大西洋之间的海水相互交换的方式。原来，温度较高、密度较小的大西洋海水从表层进入地中海；

海流示意图

而温度较低、密度较大的地中海海水则从海洋底层流向大西洋。这一进一出，使地中海的海水保持了平衡。直布罗陀海峡是大西洋与地中海相通的狭窄通道，当滔滔的大西洋海水急速流经传说中的海格力斯神柱附近时，由于地理环境特殊形成漩涡急流，一不小心，小型船只便会掉进"无底洞"而"粉身碎骨"。在探险家大胆冲出直布罗陀海峡之前，地中海沿岸国家的绝大多数航船不敢冒失地驶出地中海。

升降流

上升流往往发生在近岸海域，由于风海流运动时使表层海水离开海岸，这引起近海岸的下层海水上升，形成了上升流；而远离海岸处的海水则下降，形成了下降流。上升流和下降流合在一起被称为升降流，它和水平海流一起构成了海洋总环流。上升流在上升的过程中，把深水区的大量营养物质带到了表层，这为浮游生物提供了丰富的养料，而浮游生物又为鱼类提供了饵料。因此，许多著名的渔场多分布在上升流很显著的海域，秘鲁渔场的形成就与该海域的上升流密不可分。

暖流与寒流

地图上，科学家用不同的颜色标示海流，这是因为海流有冷暖之分：冷的叫作"寒流"，因其海水温度低于所流过海区海水的温度而得名，它的流向特点是：由地球的两极附近高纬度海区流出，流向低纬度海区。反之，水温高的洋流称为暖流，它所"携带"的海水温度高于流过海区的海水，流向特点是由赤道附近的低纬度海区，流向高纬度的海区。由于地理环境等因素的影响，海流不像河流那样稳定、长久，而是时常变化的。所以，不论是暖流，还是寒流，都是相对而

言的。它们对流经海区和附近陆地的气候会产生很大影响，从而直接影响人类的生产和生活。

黑潮暖流

黑潮位于北太平洋西部，它如一条强劲无比的巨河，由南向北，昼夜不停地滚滚流动着。由于黑潮是由北赤道流转化而成的，所以它具有较高的水温和盐度，即使是在冬季，它的表层水温也不低于20℃，所以被人们称为黑潮暖流。黑潮的流速为每小时 3 千米～10 千米，流量大约为 3000 万立方米/秒，这比我国第一大河——长江的流量要高近千倍。

秘鲁寒流

秘鲁寒流是世界上行程最长的寒流。它从南纬 45°开始，顺着南美大陆西海岸向北奔流，一直到达赤道附近的加拉帕戈斯群岛海域附近消失，全程约为 4600 千米。秘鲁寒流的流速并不大，一昼夜约六海里，水温为 15℃～19℃，比流经海区的海水温度要低 7℃～10℃。这股强大的寒流在智利附近海区的平均宽度约为 100 海里，流到秘鲁附近海区时其宽度达到 250 海里。秘鲁海域非常有利于浮游生物大量繁殖，为喜寒性鱼类提供了充足的饵料，因此在这里形成了世界上最著名的秘鲁大渔场。

墨西哥暖流

墨西哥暖流又称墨西哥湾流，是世界上最强劲的暖流，因其从大西洋湾流而上，途经墨西哥，故此得名。这股世界上最强劲的暖流，最大流速约每秒 2.5 米，表层年平均水温为 25℃～26℃，表层宽 100
千米～150 千米，深约 700 米～800 米，其流量是全球江河流量的 120倍。如此巨大的暖流，对整个北半球气候所产生的影响是巨大的。

海洋之旅
海洋气候

海洋与空气二者密不可分，并以多种形式相互作用，从而形成了海洋气候。简单地说，一片海域的气候是由于太阳光强烈辐射使海洋与大气升温，引起海洋与大气的循环。地球上的天气系统是由区域性的空气沉浮形成的，并受制于海洋与大气。

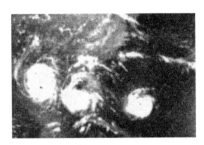

台风

在赤道附近的太平洋上空，存在着大量高温、高湿的不稳定气团，并且那里的空气对流发展极盛，这是因为靠近赤道附近的太阳光辐射强烈，在气流上升过程中，水汽凝结为液体的水滴，从而释放出大量的热能，并在空中形成一个低压中心。由于空气是从高压区向低压区流动的，所以周围的空气不断流向低气压中心，这为台风提供了源源不断的能量，使台风得以维持和发展，加上受地球自转等因素的影响，形成一个近似圆形的旋涡。这种旋涡又称热带气旋，气旋越转越大，最后形成强劲的台风。

台风登陆

台风眼

当台风发展到一定程度时，其中心一般都有一个圆形或椭圆形的台风眼，直径可达几十千米。风眼中气流下沉，风速一般很小，有时

甚至无风，也几乎没什么云存在。因此，台风眼所在区域里天气晴好，白天能够看到太阳，晚上可以看见星星，被人们称为台风中心的"桃花源"。但是在台风眼区外，却是天气最恶劣、大风暴雨肆虐的区域。

台风过后的景象

全球台风生成原因和发生区

台风的生成有其一定的规律性，它一般生成于水温超过26.5℃的热带海面上。但赤道附近海域除外，因为这里的地球转动偏向力为零或接近于零，不可能形成强烈的气流旋涡，因此没有台风生成的条件。全世界每年约生成80个台风，其中有35%发生在西北太平洋，那里是全球台风发生最频繁的地区。所以西北太平洋沿岸的中国、日本和菲律宾，是受台风影响最大的国家。

台风的破坏力

台风的破坏力是令人心悸的，有人估算过，一场台风的平均能量差不多相当于上万颗原子弹爆炸时所释放的能量的总和。但十分有趣的是，直径只有几千米到几十千米的台风中心，在移到某个地区时，有时竟会暴雨骤停，风平云散，上面出现平和的蓝色晴空。这就是"台风眼"，它的四周被强烈的上升气流造成的厚厚"云墙"包围。所以在台风眼过后，这一地区会再度转入"云墙"控制，狂风暴雨的恶劣天气会再次降临。

台风多发生在每年的夏秋季节。那时，我们常会在电视上收看到台风预报和台风警报，还会看到台风在我国东部和南部沿海登陆的情景。台风登陆时风狂雨骤，电闪雷鸣，致使房屋倒塌、农田被淹、人员伤亡、交通受阻，给人们的生产和生活带来极大的不便。

飓风

同台风一样，飓风也属于热带气旋，但它与台风所发生的地域不同。人们习惯上把发生在西北太平洋地区的强烈热带气旋叫台风，而把

发生在大西洋、东太平洋和加勒比海地区的强烈热带气旋叫飓风。"飓风"的含义为"风暴之神",它来源于印第安人古老的传说。

米奇飓风

米奇飓风发生在 1998 年,它席卷了中美洲,尤其是洪都拉斯和尼加拉瓜损失巨大。这次飓风导致一万多人丧生,物质财产损失约数十亿美元。后来由于飓风减速、滞留,在这个地区上空盘旋了数小时,倾盆大雨从天而降,使这次暴风雨的影响大大加重。在强暴雨作用下,山洪暴发,农田尽毁,奔涌而来的泥沙洪水埋葬了数以千计的房屋和人畜。

安德鲁飓风

1992 年 8 月,安德鲁飓风袭击了南佛罗里达,亦造成了数十亿美元的损失。幸运的是:由于及时预报和疏散,仅 43 人死亡。造成这么大损失的罪魁祸首不是降雨,而是猛烈的旋风和下沉气流。幸运的是:安德鲁飓风移动得非常快,可达 32 千米/时;不幸的是:它聚集的风速在 200 千米/时以上,并且产生了 2 米~5 米高的风暴潮,安德鲁飓风席卷了所到之处地面上的一切。

季节风

季节风多发生在印度洋及其上空,它形成的主要原因是基于风的季节性倒转。在夏季到来的北半球,亚非大陆气温升高,陆地上正在上升的暖湿气流吸收了来自印度洋的气体,产生了向东部和北部流动的表面风和洋流,从而产生了顺时针的海洋环流。携带湿气的风吹过温暖海面移向陆地。接着,阵阵急雨,即人们所知

的季节雨在亚洲和北非降落，为遭受炎热干旱困扰的庄稼带去了希望。在西南季风盛行期间，降雨并不连续，往往是短期内发生的强烈阵雨，雨后紧接着又是 20 天～30 天的干旱。

到了冬季，北半球的陆地比海洋冷得要快许多，因此季风体系逆转。在相对温暖的海洋，空气上升，吸收来自陆地的空气，并且在海面上风和洋流逆转，流向南部和西部，产生了逆时针的环流。这时，携带湿气的风从南部通过赤道移向南非。这种风和洋流的逆转对非洲东部所造成的影响是巨大的。在夏季季风期间，急而窄的西部边界流（索马里流）沿着海岸向北，该地区海洋上升流为渔业带来天然的养料，促进了渔业的丰收。然而，秋冬季节来临时，索马里流转变方向并且变弱，上升流也会停止运动。

厄尔尼诺现象

厄尔尼诺现象是在季风期间对风和雨强度影响最大的因素之一。在东太平洋的厄瓜多尔和秘鲁沿岸，每年圣诞节前后，海洋表层海水的温度常常一反常态地突然升高，一般到 3 月份又会自然消失。由于这种现象发生在圣诞节前后，所以当地人就把

它称为厄尔尼诺，取"圣婴"之意。有时在东太平洋和中太平洋洋面上，海水反常地持续升温，温度超过常年平均气温 0.5℃ 以上，并且持续半年多之久，在气象学和海洋学上人们亦称其为厄尔尼诺现象。

厄尔尼诺产生的原因

厄尔尼诺现象并不是偶然出现的，它是由许多原因促成的。正常年份，赤道中、东太平洋表层海水被吹到赤道西太平洋海区，并在那里堆

积形成一个大暖池，水温可达 29℃ ~ 30℃；而在东部海区，由于深层温度较低的海水上升补充，这里的海水温度降至 23℃ ~24℃。

在厄尔尼诺期间，热带东风减弱，有时甚至吹西风，使得赤道西太平洋的暖池水又流向东部海区，使那里的冷水涌升减弱，甚至停止。这样，东部海区表层海水的温度就会比常年高，形成了西太平洋表层海水温度偏低，而东太平洋表层海水温度偏高的现象。以上这些原因，共同造就了厄尔尼诺现象。

卫星俯瞰秘鲁

厄尔尼诺造成的灾害

某一地区的干旱与湿润气候是由气流的运动方式决定的。一般来说，持续的上升气流会造成气流中水汽不断凝结而出现大量降雨；持续的下降气流则会形成久晴无雨的天气。在正常年份中，位于赤道西太平洋的印度尼西亚和菲律宾等地，由于处于沃克环流圈西部的上升气流区域，所以气候湿润，年降雨量都在 2000 毫米以上；而位于赤道东太平洋的厄瓜多尔、秘鲁等地，由于处在环流圈东部下沉气流区域，其年降雨量常常不足一百毫米，因此当地人的住房设施都是为适应干旱气候而设计的。厄尔尼诺现象发生时，沃克环流圈的东移会使本来多雨的地区发生严重的干旱；而原来干旱的地区则暴雨成灾。此外，沃克环流圈东移，还通过相邻的其他地区大气环流的调整，影响到世界大部分地区，也因此引起世界性的气候异常。

沃克环流圈

赤道太平洋区域在正常年份中，由于西太平洋暖池水温最高，东太平洋水温最低，因此西太平洋上空盛行上升气流，升到高空后向东流去，到达低温的东太平洋后下沉，接着在海面上又以东风的形式返回西太平洋。这样，便构成了一个东西方向的大气环流圈，气象学家把它称为"沃克环流圈"。

秘鲁渔场

秘鲁渔场是闻名世界的大渔场，在 20 世纪五六十年代的时候，那里的捕鱼量约占世界捕鱼量的20%。秘鲁渔场的鱼类主要为冷水性鱼类，如金枪鱼、鳀鱼等。秘鲁渔场属于洋流促成的渔场，当北上的秘鲁寒流到达厄瓜多尔、智利、秘鲁外海水域时，由于受到大陆坡的阻挡，冷水团从数千米的海底上升到海面，与南下的暖流相遇，易于海洋微生物的繁殖，使这一海域饵料异常丰富。但是，当厄尔尼诺现象发生时，冷水性鱼类则迁徙他方，海鸟等生物也会因饥饿而大量死亡，致使该区域的渔业生产遭受灭顶之灾。

拉尼娜现象

在非正常年份，东南太平洋表层海水温度比一般年份异常偏高时，人们会把这种现象称为"厄尔尼诺"（圣婴）；而当这一海域的表层海水温度比一般年份异常偏低时，科学家将此类自然现象称为"拉尼娜"（圣女），与"厄尔尼诺"相对应。

"拉尼娜"现象一般发生在"厄尔尼诺"之后，但并不是每次都这样，这一现象非常缺乏规律性。拉尼娜现象对气候的影响更为复杂，更难预测。迄今为止，人们还没发现导致这种海水温度异常偏低的原因。

全球气候变暖

地球从其诞生至今已有 45 亿年的历史，在这漫长的时间里，大气、海洋以及陆地之间的相互作用，致使气候在温暖和寒冷间呈周期性变化。而在地球的气候变化中，尽管在某种程度上还是模糊的但始终是海洋起着主导作用。现阶段，全球变暖已成为全世界人们最为关注的问题。引起警示的并非全球变暖本身，而是

其惊人的变化速度。当气候经历成千上万年的改变时，地球上的生物有足够的时间去适应——或迁徙或随其周围环境的改变而改变它们的生活方式。但当气候的改变非常突然时，地球上许多生物将走向毁灭。全球变暖的后果是严重的，它产生巨大的热量，致使海平面上升，洪水、疾病、干

厄尔尼诺造成的泥石流

旱以及频繁的风暴活动等自然灾害肆虐横行。

全球气候变暖的数据

1997 年，全球平均海面温度是 20 世纪乃至过去的 1000 年里最高的；1998 年，全球海洋表面平均温度每月均达最高温度。由国际政府气候变化专门小组（IPCC）就气候变化作出的《1995 年温度变化报告》表明：20 世纪的海洋表面温度与 15 世纪后任何一个世纪的最高温度一样高，甚至更高。全球平均表面温度上升了大约 0.3℃～0.6℃，这使海面升高了 10 厘米～25 厘米，海洋冰山也开始融化。

据调查，人们发现，空气中二氧化碳浓度的升高是导致地球温度迅速升高的主要原因。过量的二氧化碳多来自矿物燃料燃烧以及森林大片毁灭。二氧化碳、水蒸气以及其他温室气体（甲烷、一氧化氮、氯氟烃、臭氧）吸收长波或红外线，对地球辐射能量增强，进而导致大气受热和气候变暖。夏威夷的冒纳罗亚观测站对大气的测试表明：自 1850 年至今，空气中二氧化碳的数量增加了 25%～30%。那么，随着二氧化碳含量的升高，地球是怎样变暖的，其速率为多少？IPCC 报告表明：到 2100 年地球的平均表面温度将升高 1℃～3.5℃，海面将上升 15 厘米～95 厘米。

神秘海洋之旅

SHENMI HAIYANG ZHI LÜ

海洋世界

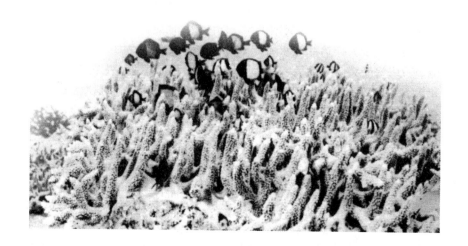

海洋之旅

海　洋

数亿年前，海洋最早孕育了生命。生命在水下繁衍，最终它们到达岸边登上陆地。如果没有海洋，地球上将不会有生命存在。然而，在大多数人眼中，海洋却是美丽而恐怖的。它时而风平浪静，时而波涛汹涌，充满了神奇的魔力，总会让人们产生想不断探寻其中奥秘的强烈欲望。

海洋是指覆盖地球表面大约70%的连绵不断的咸水水域，海洋中含有约13.5亿立方千米的水，约占地球上总水量的97%。世界海洋按区域划分为四个大洋和一些面积较小的海。大洋是海洋的中心部分，是海洋的主体。大洋非常深，一般在3000米以上，最深处可达一万多米。大洋距离陆地比较遥远，受陆地的影响不大，所以大洋的水温和盐度变化都不大。大洋的水下一般都有轮廓清晰的盆地、海底地形，水面上有盛行风，还有独特的洋流和潮汐系统。四个主要的大洋为太平洋、大西洋、印度洋和北冰洋。现在还有一种说法是世界有五大洋，除了前面所说的四大洋，还有南极洋，即南极洲附近的海域。

海是位于大洋边缘的水域，是大洋的附属部分。因为比较临近陆地，所以海受大陆、河流、气候和季节的影响非常明显，海水的温度和盐度等也都受陆地的影响，且变化明显。但是海并没有独立的洋流和潮汐系统。世界上的海很多，主要的海大约有五十个。

由于海洋在地球上的面积非常大，所以从宇宙中来看，地球就像一个蓝色的水球。海洋也是孕育地球生命的摇篮，据说最原始的生命就是来自海洋，如此说来，海洋对于生命是非常重要的。而且，海洋也对全球的环境至关重要，它调剂着地球的气候。

大洋形成示意图

海洋之旅

太平洋

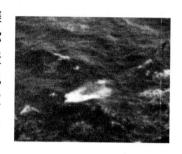

太平洋位于亚洲、大洋洲、南美洲、北美洲以及南极洲之间。它的名称来源于麦哲伦船队。1521 年 3 月，当麦哲伦环球航行经过太平洋之时，恰逢风平浪静之日，而且在东南信风稳定地吹拂下，他们顺利地到达了亚洲东南部。因此，他们给这个大洋定名为太平洋。

太平洋的形成

最初，地球上只有一个大洋，可称其为泛大洋，它的面积是现在太平洋的 2 倍。

约两亿年前的侏罗纪时代，即恐龙家族主宰世界的时代，泛大陆分裂开来，北半球的那一块陆地叫北方古陆（也叫劳拉西亚大陆），南半球的叫南方古陆（也叫冈瓦纳大陆）。南北两块大陆中间出现了一个古地中海，被称为特提斯海。它的位置包括现在的地中海和欧洲南部的山系、中东的山地以及黑海、里海、高加索山脉，一直延伸到中国境内的喜马拉雅山系等地区，是一片东西走向的海洋，且与泛大洋相通。当时大西洋和印度洋还没有出现，北美洲与欧洲之间（现在北大西洋的位置）是一条很窄的封闭的内海。到了 1.3 亿年前，北大西洋从这个内海开裂扩张，东部与古地中海相通，西部与古太平洋相通。经过上亿年的漫长演变，才形成我们今天所知道的太平洋。

星罗棋布的岛屿

在四大洋中，太平洋是岛屿最

多、岛屿面积最大的大洋。太平洋里岛屿的总数达一万多个，总面积为四百四十多万平方千米，约占世界岛屿总面积的45%。

新几内亚岛是太平洋中最大的岛屿，也是世界第二大岛。太平洋的岛屿主要集中在中西部，且多为大陆岛屿，如千岛群岛、日本列岛、台湾岛、菲律宾群岛、加里曼丹岛和新几内亚岛等。密克罗尼西亚群岛、美拉尼西亚以及波利尼西亚群岛，是太平洋的三大群岛，位于中南部热带海域，主要由火山岛和珊瑚岛构成。岛上椰林密布，海水清澈透明，风光怡人。大洋中部的夏威夷群岛是一些火山岛，那里风景优美，是著名的旅游胜地。而大洋东部的复活节岛，以拥有神秘的雕像而闻名世界。

环太平洋火山、地震带

太平洋区域内火山密布，且多为活火山。在太平洋海盆中高出海底 1000 米以上的火山有一万多座，并且分布得非常有规律，一个挨着一个，像一条长长的带子，绕在环太平洋的周边地带。

全世界主要有三个地震多发地带，环太平洋地震带、欧亚地震带（地中海—喜马拉雅带）和海岭地震带。前两个地震带所发生的地震次数占全世界地震总次数的90%左右。在太平洋的西岸，北起日本，向南沿琉球群岛、台湾岛、菲律宾群岛、印度尼西亚和伊里安岛等形成一串岛弧；从日本向北，沿千岛群岛、堪察加半岛又形成一串岛弧。在这一串又一串的岛弧中，分布着许多火山，组成西太平洋上的一条"火山链"。在东太平洋，也有一条狭长的火山地带：从阿留申群岛、阿拉斯加，再沿着海岸继续南下，直至南美洲的最南端；从南美洲南端跨过海峡，到南极大陆一线也分布着许多火山。在太平洋的中部，包括夏威夷群岛在内，同样分布了许多火山。那么，为什么在太平洋四周沿岸有这么多的火山呢？这是因为，这里是大洋板块与大陆板块的交接地带，两个板块相互挤压，致使地壳厚薄变化悬殊；而特殊的地质构造使这里成为地下岩浆活动最频繁的地带，形成了以火山口为喷发口的地下岩浆通道。在以上各种因素的综合作用下，就形

成了人们在地面上可以看到的成串的火山群奇观。

日本樱岛火山

日本樱岛火山

樱岛火山位于日本鹿儿岛海湾东南，是至今仍有喷发记录的活火山。樱岛火山原为海底火山，自300年前便开始爆发，以后时喷时停。到1914年为止，它喷发的大量海底熔岩流使火山与陆地相连，而鹿儿岛海湾就是由几个火山口连通而形成的。樱岛火山爆发时非常壮观，其吼声隆隆，山体颤动，黑烟滚滚，呈蘑菇云状上升，而后黑烟弥漫，笼罩了山顶上的两个火山口，接着出现的便是固体喷发物——火山灰、火山砂、火山渣，这些物质喷涌而出，散落在火山四周。鹿儿岛火山至今仍频繁爆发，沿山坡带堆积了大量的火山灰、砂和碎屑，一旦暴雨来临，很可能会有泥石流发生。

太平洋山脉

与大西洋、印度洋不同，太平洋的山脉不在海洋中间，而是在东部边缘的位置上。太平洋山脉高出周围海底2000米~3000米，山体长达1.5万千米，宽达数千千米，规模庞大，是许多山岭汇集起来的一大片海底高原。太平洋山脉的深谷也在开裂扩张，整个山岭被切断、错开，水平移动约一两千千米。

海底山脉既有利于研究海洋的形成及变化，又对捕鱼有很大益处，海底山地的周围是优良的渔场。

在陆地上，风遇到山脉会产生迎着山坡上升的气流，把饱含水汽的暖空气带到山坡上，暖空气冷却后就会形成降雨。因此，迎风坡的雨水就特别多。同样，海流在运动中遇到山地时，也会沿着山地的斜坡产生上升流。上升流在上升的过程中，会把深海中含有丰富的氮、磷等养分的硝酸盐、磷酸盐带到阳光充足的海洋表层，为那里的浮游生物提供了丰富的养料。浮游生物又是鱼类的美食，因此，海底山地周围丰富的浮游生物引来了大量的鱼群，使那里成为优良的天然渔场。

海洋之旅
印度洋

印度洋位于亚洲、非洲、大洋洲和南极洲之间，整个水域都在东半球。因其位于亚洲印度半岛南面，故此得名。印度洋的大部分地区在热带，所以又被称为"热带海洋"。因其地理位置特殊，所以印度洋上的热带风暴频发，且常造成巨大灾难。

印度洋的形成

与太平洋一样，印度洋的形成也经历了一个非常漫长的过程。1.3亿年前，北大西洋由一个很窄的内海开裂扩张而成，其东部与古地中海相通，西部与古太平洋相通。那时，南美洲与北美洲还是分开的。随后南方古陆开始分裂，南美洲与非洲大陆分离开来，之间

的空地形成海洋，但与北大西洋尚未贯通，海水从南面进出，在非洲与南美洲之间形成了一个大海盆。那时，南方古陆的东半部也开始破碎分离，非洲同澳大利亚、印度、南极洲分开，它们之间便出现了最原始的印度洋。

印度洋岛屿

印度洋上也有许多岛屿，其中大部分为大陆岛，比如马达加斯加岛、斯里兰卡岛、安达曼群岛、尼科巴群岛以及明达威群岛等，其中

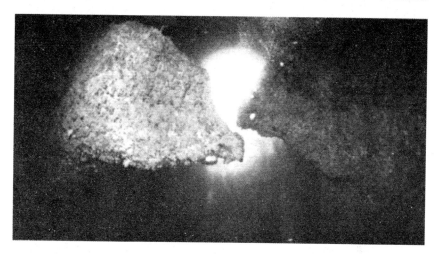

马达加斯加岛在世界岛屿中排名第四。印度洋主体位于北纬15°与南纬40°之间，大部分海域处在热带和亚热带，水温与气温都比较高。印度洋南部的洋流比较稳定，北部海流受季风影响形成季风暖流，且冬夏流向相反：冬季逆时针流动，夏季顺时针流动。在它们的共同作用下，这里形成了世界上最大的季风区，即中南半岛和印度半岛季风区。

印度洋山脉

印度洋底部横亘着一条呈"人"字形的山脉，它高出洋底4000米。这条山脉北起阿拉伯海，向南分为两支，东面一支山脉绕过澳大利亚、南极洲之间的海底，与太平洋山脉相连；西南一支绕过非洲与大西洋山脉连在一起。这条山脉在印度洋中央山脉中规模最大，其主体由许多条山脊与峡谷组成，是一条巨大的破碎山脉构造带。然而，整个山脉又被拦腰切断，山体水平位移，有时可达1000千米，因此使得印度洋海底山脉非常崎岖复杂。

印度洋山脉中央也在开裂，使印度洋底向东西两面扩张移动，这样印度洋每年增宽约四厘米。往东南方向移动的支脉扩张速度较快，澳洲大陆在它的挤压下，已逐渐向美洲大陆方向移动。

海洋之旅

大西洋

大西洋位于南美洲、北美洲、欧洲、非洲和南极洲之间，面积仅次于太平洋，在世界大洋中排名第二。在希腊神话中，传说擎天巨神阿特拉斯住在极远的西方，所以当人们看到无边无涯的大西洋时，便认为大洋的尽头是阿特拉斯栖身的地方，故称其为"阿特拉斯之海"，我们把它译为"大西洋"。

大西洋的形成

大西洋一直处于不断开裂、扩张、加深的过程中。在 9000 万年前，大西洋便已形成了：最初只是表层海水的南北交流，底部仍有一片高地阻隔着，北部大西洋同地中海相通，南部大西洋与太平洋相通，一直到 7000 万年前，大西洋南北才完全贯通。此时，大西洋已扩张到几千千米宽，水深达到 5000 米，大西洋也基本形成。

大西洋海岭

大西洋中分布着许多岛屿，且不同海域的岛屿各不相同：北部以大陆岛为主，多位于北极圈附近，其中格陵兰岛是世界第一大岛；中部主要由西印度群岛组成，位于热带和亚热带海域，其中遍布着许多珊瑚礁；南部岛屿较少，主要有马尔维纳斯群岛等。

在大西洋中部海底，横亘着一条巨大的海底山岭，它北起冰岛，南至布韦岛，全长一万五千多千米，是世界上最壮观的大洋中脊。这一大海岭一般距水面三千米左右，有些部分则已浮出水面，形成一系列岛屿。整条海岭呈"S"形蜿蜒，把大西洋分隔为与海岭平行伸展的东、西两个深水海盆：东海盆较浅，一般深度不会超过 6000 米；西海盆较深，且分布着很多深海沟。

海洋之旅
北冰洋

位于北极圈内的北冰洋，其名称源于希腊语，意为"正对大熊星座的海洋"。早在1650年，荷兰探险家巴伦支就率领探险队进行了北极探险。他首先把这一冰天雪地的海域划为一个独立的大洋，并把它命名为大北洋。此后，当人们对这个海域有了较全面的认识时，才把它正式定名为北冰洋。

北冰洋的形成

北冰洋的形成与北半球劳亚古陆的破裂和解体存在很大联系。洋底的扩张运动大概源起于古生代晚期，而主要是在新生代实现的。以地球的北极为中心，通过亚欧板块和北美板块的洋底扩张运动，产生了北冰洋海盆。在北冰洋底所发现的"北冰洋中脊"，即为产生冰洋底地壳的中心线。

"泰坦尼克号"的沉没

"泰坦尼克号"曾是世界上最豪华的客轮。1912年4月15日，它在从英国南安普敦港驶往美国纽约的途中，与一座来自北冰洋的巨大冰山相撞后沉没，共有1513人死亡。这是它的首航，也是它唯一的一次航行。此后，"泰坦尼克号"客轮就长眠于冰冷的北大西洋海底了。

海洋之旅
世界上著名的海

洋是指围绕大陆并且不断循环流动的水体；而海则指全部或部分被陆地包围的水体。全世界大约有五十个海，它们大多分布在欧洲和西太平洋上。其中有许多海因其特殊的地理位置、物理化学特性等因素而享誉世界。

地中海

地中海是世界上最大的陆间海之一，地处亚、欧、非三大洲之间。它东西长约 4000 千米，南北最宽处约 1800 千米，总面积为251.6 万平方千米，平均水深 1541 米。它是海上运输的重要的通道：向西经直布罗陀海峡与大西洋相连；东北隔黑海海峡与黑海相通；东南穿过苏伊士运河可到达印度洋。

关于地中海的成因，海底扩张和板块构造说认为，今天的地中海是阿特提斯海（古地中海）的残存水体。中生代时，阿特提斯海的范

围逐渐缩小。海底扩张运动造成了大陆板块不断漂移，最终形成了现在的地中海。所以，许多地质学家认为，今天的地中海，实际上是在中生代（距今 22500 万年）到新生代（距今 1200 万年）大约 21300万年间，非洲板块和欧亚板块经历了非常复杂的相对运动而形成的。如果这种解释能够成

立的话，那么，我们完全有理由相信，地中海是地球上最古老的海域之一。

红海

红海地处亚洲阿拉伯半岛和非洲大陆之间。它南北长2100千米，东西宽290千米，面积45万平方千米，平均水深558米，也属于世界上比较大的陆间海。红海北经苏伊士运河与地中海相通，南隔曼德海峡与印度洋相连，是印度洋与大西洋之间的重要通道，航运非常繁忙。

红海是一个非常年轻的陆间海，为东非大裂谷的北段。大约在两千万年前，阿拉伯半岛逐渐与非洲分离，红海因此便诞生了。直到近300万—400万年来，两个板块仍继续分裂，两岸以平均每年2.2厘米的速度继续分离着。科学家预计：在遥远的将来，红海地区可能会出现一个新的大洋。

红海海域生长着大量的红藻，这使红海海水看起来是艳丽的红色，红海也因此而得名。红海地处热带干旱地区，常年受副热带高气压的控制，气候干热，沙尘弥漫，加上海底有熔岩涌出，更加剧了海水的温度上升与海水的蒸发，使红海成为世界上海水温度和盐度最高的海域。由于蒸发量大于降雨量，如果不是来自印度洋的海水不断补充，红海可能早已干涸了。

黑海

黑海地处欧亚大陆内部，周围被巴尔干半岛和小亚细亚半岛与外海隔开，仅通过狭窄的黑海海峡与地中海相连。黑海呈椭圆形，其东西最长1150千米，南北最宽611千米，中部最窄263千米，总面积达42.2万平方千米。黑海的平均水深为1315米，最大水深为2210米。

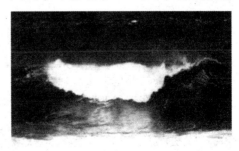

黑海的巨浪

古地中海逐渐缩小时，残留了许多海盆，黑海就是其中之一。在远古时期，小亚细亚半岛发生构造隆起，黑海与地中海开始分离，并逐渐与外海

隔离而形成内海。黑海海域环境恶劣，冬季盛行偏北风，常常掀起骇人的惊涛巨浪。虽然海水盐度较低，但由于海水在对流过程中水质不能正常交换，底层海水含有大量的硫化氢等有害气体，因此其海洋深处是一个死寂的世界，只生存着鲟鱼等少数鱼类；不过，黑海沿岸气候宜人，环境也非常优美，分布着许多著名的疗养地和旅游区。

北海

北海是大西洋的一个边缘海。它位于欧洲北部，西部以英国的大不列颠岛为界；东部与挪威、丹麦、德国、荷兰、比利时和法国相邻；南部经英吉利海峡、多佛尔海峡与比斯开湾相通；北部是辽阔的大西洋。它平均水深为 91 米，总面积达 60 万平方千米，几乎全部在大陆架上。

北海胜景

由于北海位于北大西洋暖流和北冰洋寒流交界的地方，因此渔业发达，盛产鳕鱼、鲱鱼和龙虾等，是世界四大渔场之一（四大渔场包括亚洲的北海道渔场、南美洲的秘鲁渔场、北美洲的纽芬兰渔场和北海渔场），捕鱼业是沿海各国的传统产业。除渔业外，1959 年，荷兰在北海首先发现了油田，接着，沿岸的英国、挪威、丹麦等国也都发现了石油和天然气，从而使北海成为世界上主要的产油区之一。而英国也从石油进口国一跃而成为石油出口国，因此有人戏称："是北海挽救了英国。"

白令海

白令海位于太平洋北部边缘，处于阿拉斯加、西伯利亚和阿留申群岛的环抱之中。白令海北经白令海峡与北冰洋相通，南隔阿留申群岛与太平洋相连。白令海东西长约 2000千米，南北宽约 1500 千米，

白令海

总面积为 226.2 万平方千米。因丹麦航海探险家白令曾于 1724 年和 1741 年先后两次到此探险并穿过白令海峡进入北冰洋而得名。

白令海气候恶劣：冬季气温 - 25℃，而且多风暴和浓雾，90% 的海域被冰层覆盖；夏季气温在 10℃ 左右，虽无冰，但多狂风天气，是世界上航行最艰难的海区之一。白令海也是一块宝地，那里的海底蕴藏着丰富的石油、天然气资源，此外，海洋生物种类也非常丰富。

阿拉伯海

阿拉伯海是印度洋的属海，位于阿拉伯半岛、印度半岛和非洲大陆之间。它北经霍尔木兹海峡与波斯湾相连，西北经曼德海峡与红海相连，面积（包括亚丁湾和阿曼湾）达 386 万平方千米，是世界第二大海。阿拉伯海平均水深 2734 米，最大水深达 5203 米。

阿拉伯海自然资源十分丰富：沿海大陆架蕴藏着丰富的石油和天然气资源；海产品非常丰富，盛产珍珠、鲭鱼、沙丁鱼、比目鱼、金枪鱼等。阿拉伯海的地理位置特别重要，是波斯湾石油对外运输的出口，也是连接印度洋、波斯湾、地中海，以及大西洋的航运水道，来往于波斯湾的巨型油轮必须经过阿拉伯海，所以这里也是世界上海上石油运输量最大的海域。其沿岸分布着孟买、卡拉奇、亚丁、吉布提等著名港口。

渤海

渤海位于中国，辽东半岛、山东半岛将其与黄海隔开，通过长九十多千米的渤海海峡与黄海相通。它南北长约五百五十六千米，东西宽约三百四十千米，面积约 7.7 万平方千米。渤海由北部辽东湾、西部渤海湾、南部莱州湾、中央浅海盆地和渤海海峡五部分组成。

因为渤海深入大陆，且呈湾状，因此又被称为"渤海湾"。渤海湾的平均水深只有四十米左右，海底蕴藏着丰富的天然气和石油资源，胜利油田和大港油田就位于渤海海域。而天津附近的长芦盐场，则

是中国最大的海盐生产基地。此外，这里的生物资源也非常丰富，盛产对虾、蟹、带鱼和黄花鱼等，而渤海海峡中的蛇岛是各种毒蛇的天堂，其中以蝮蛇最为著名。

南海

南海又叫"南中国海"，地处中国南部，位于中国大陆、菲律宾群岛、加里曼丹岛、苏门答腊岛和中南半岛之间。它南北长约 2970 千米，东西宽约 1670 千米，总面积达 350 万平方千米，是世界第三大边缘海。因其位于太平洋

和印度洋之间的重要航运位置，所以在经济、国防上都具有极其重要的意义。

因南海大多处于热带，非常适合珊瑚的繁殖，所以除海南岛、太平岛等北部几个岛屿属大陆岛外，其余多数都属于珊瑚岛。南海的珊瑚岛总数达一百七十余个，分为东沙群岛、西沙群岛、中沙群岛和南沙群岛，其中曾母暗沙位于北纬4°附近，是我国领土的最南端。整个南海海域自然资源非常丰富，北部浅海地区富含石油和天然气资源。生物资源以海参、牡蛎、马蹄螺、金枪鱼、红鱼、鲨鱼、大龙虾、梭子鱼、墨鱼、鱿鱼等热带水产最为著名。

南海诸岛中的东沙群岛、西沙群岛、中沙群岛，以及南沙群岛自古以来就是中国的领土。在唐宋时期，曾有"千里长沙，万里石塘"之称。"千里长沙"指的就是现在的西沙群岛，而"万里石塘"则是指现在的南沙群岛。

海洋之旅
著名的海港

在许多临海国家中，有许多的沿海城市因其优越的地理位置或自然资源成为重要的海港。航海事业的发展，更促进其沿海城市经济的发展。海港的出现，不仅加快了其国家经济的发展，同时也加强了各大陆间的联系，促进了世界经济的全球化。

大连港

大连港位于辽宁省辽东半岛的南端，是西北太平洋的中枢，也是正在兴起的东北亚经济圈的中心，是该区域进入太平洋，面向世界的海上门户。

大连港港阔水深，不淤不冻，自然条件非常优越，是转运远东、南亚、北美、欧洲货物最便捷的港口。港口自由水域346平方千米，陆地面积十余平方千米；现有的港内铁路专用线有一百五十余千米、

仓库三十余万平方米、货物堆场 180 万平方米、各类装卸机械千余台；拥有集装箱、原油、成品油、粮食、煤炭、散矿、化工产品、客货滚装等八十多个现代化专业泊位，其中万吨级以上泊位有四十多个。

大连港交通十分便利：铁路方面有哈尔滨至大连的哈大铁路干线与东北地区发达的铁路网相连接；公路方面有全国最长的沈阳至大连的高速公路与东北地区的国家公路网相连接；大连民航机场具备国际机场使用标准，有三十多条国际、国内航线；管道运输方面有输送大庆原油的专用管线，直通大连港码头；海上运输已开辟了到香港、日本、东南亚、欧洲等地的国际集装箱航线 8 条以及多条国内沿海航线；陆海空多种运输方式组成的主体运输网为大连港的发展提供了优越的运输条件。

大连市是一座依山傍海、风景优美的滨海城市，市内有老虎滩公园、中山公园、动物园，还有棒槌岛、旅顺口、碧海山庄、黑石礁等著名景区，郊区有夏家河子、金石滩等海水浴场，是我国北方旅游胜地之一。每至盛夏，中外大量的游客都会来此避暑、旅游和疗养。

秦皇岛港

秦皇岛港位于渤海辽东湾西侧，河北省滨海平原的东北侧，靠近万里长城的东端，地处山海关内外要冲，位于秦皇岛市管辖的范围内。

秦皇岛港口对外交通发达，运输条件优越。铁路有京山、沈山、京秦铁路干线直达港口；

秦皇岛风光

公路通过城市集疏港道路与 102、205 国道相连，可直达北京、天津、沈阳等地；航空方面已开辟有北京、广州等多条航线；铁岭至秦皇岛输油管线直通港口；海上运输可到达全国沿海各港口。秦皇岛港目前

与世界上八十多个国家和地区的港口通航，先后开通了至日本、韩国等四条集装箱班轮航线，并已经与日本的港口、澳大利亚的纽卡斯尔港结为友好港。

秦皇岛港自1893年建港至今已有一百多年的历史，目前共有13个煤炭专业化泊位，设计通过能力1.04亿吨，同时拥有四个原油及成品油泊位，20个集装箱、杂货泊位。为了让现代化大港披上绿色新装，为秦皇岛创建环保模范城作贡献，海港人发出了建设"绿色秦皇岛港"的时代强音。

天津港

天津港位于华北平原海河入海口，处于京津城市带和环渤海经济圈的交会点上，是环渤海地区中与华北、西北等内陆地区距离最短的港口，是北京和天津市的海上门户，也是亚欧大陆桥的起点之一。

天津港港口公路连接了天津、北京及河北各地的公路网，京津唐高速公路建成后，在500千米范围内，集装箱的运输非常便利。航空运输方面有天津机场可供使用，能起降国内外各类大型飞机。海河下游航道畅通，海上可与渤海湾及全国沿海各港口相连，并有二十多条远洋航线通往世界各地，有到日本、美国、西欧、东南亚、波斯湾、韩国等国家和地区的十余条定期班轮航线，共计三十多个航班。

目前，天津港已同世界上的一百六十多个国家和地区的三百多个港口有贸易往来，集装箱班轮航线近七十条，每月集装箱航班近三百个班次。天津港已与日本、韩国、美国等国的12个港口建立了友好港关系。

连云港

连云港原名新海连市，曾名连云市、新海市，简称连，属地级市。连云港位于江苏省东北部，陇海铁路终点，东临黄海，北接齐鲁，南连江淮，背靠"东海第一胜境"——云台山。这里山海奇观、名胜古迹遍布，物产资源、旅游资源均十分丰富。连云港是全国49

连云港

个重点旅游城市之一和江苏三大旅游区之一，素有"淮口巨镇""东南名郡"之称，是旅游、度假和避暑的胜地。

连云港市是新亚欧大陆桥东方的桥头堡，中国首批开放的 14 个沿海城市之一，它已被中国政府确定为华东地区新兴的工业、外贸、旅游、港口城市。全市海岸线长 170 千米，下辖四县（赣榆、东海、灌云、灌南）、四区（连云、云台、新浦、海州），新浦区是政治、经济、文化中心。连云港又是中国八大海港之一，全长 6700 米的拦海大坝居中国之冠，号称"神州第一坝"。

连云港的交通条件便捷，有较好的运输条件。铁路有陇海铁路，向西可达新疆和中亚各国，南北与京广、津浦铁路干线相连。公路向南可通南京，向西达徐州，向北可抵青岛。民航机场距港口 70 千米，可通往北京、上海、广州等地。水路方面南距上海港 380 海里，北距青岛港 101 海里、大连港 370 海里；海上运输目前已开辟至日本、韩国、东南亚等国家和地区的定期班轮航线 6 条。随着第二条欧亚大陆桥的全线贯通，连云港将成为这条大陆桥的东方

连云港保驾山

桥头堡。

连云港地处亚欧大陆桥的东端，是我国西北、中原地区最经济和最便捷的出海口，目前已成为初具规模、散杂货并重、以外贸为主的综合性港口。

中国第一大港——上海港

上海港是中国最大的港口，水陆运输的重要枢纽，地处中国海岸线中部，扼长江入海门户。

上海港的经济腹地是中国经济最发达的地区。上海港通过长江及其他内陆河和铁路、公路同全国各地相连，与五大洲一百五十多个国家和地区都有贸易运输往来。上海港港口货物吞吐量的一半是为本市服务的。同时，上海港还服务于长江流域的江苏、浙江、安徽、江西、湖南、湖北、四川等省市。这些地区的人口占全国的40%左右，其工农业总产值占全国的40%以上。上海港通过海运、陆运、空运与全国各地进行着频繁的经济交流，同时，通过海运和空运与世界各国开展贸易交流。到目前为止，联结上海港的内河航道共有225条，其中通往外省市的干线航道有8条。海上客、货运航线遍及沿海各主要港口，其中客运航线可达大连、青岛、宁波、温州、福州、厦门、广州等地。铁路干线有京沪线等，直通全国各大城市。目前的上海港已与世界上一百六十多个国家和地区的四百多个港口有贸易运输往来，每天有46个定期航班直接通往欧洲、北美洲、非洲、大洋洲和东南亚的32个国家和地区的45个港口，其中集装箱定期班轮航线有7条。

上海港

上海港已先后与美国的西雅图、新奥尔良，日本的大阪、横滨，比利时的安特卫普等五个港口结成了友好港口。

宁波港

宁波港位于浙江省宁波市，地处中国大陆海岸线中部，是国家重点建设的大陆沿海四个国际深水中转港之一。

宁波港

宁波港位于我国沿海南北海运的交汇处。由于它背靠低山丘陵区，所以周围海岸曲折，深水岸线极长，港池多而且规模大。西北太平洋是夏季台风的多发区，尤其浙江省沿岸是遭受台风侵袭最多的地带，每年约有30%的台风在该地带登陆。但宁波外缘有舟山群岛作为天然屏障，所以宁波港少有波涛汹涌的时候。

高雄港

高雄港是台湾省内最大的海港，位于台湾省高雄市。高雄港是一个大型综合性港口，港口内有10万吨级矿砂码头、煤码头、石油码头、天然气码头和集装箱码头，共有泊位八十多个，海岸线长18千米，另有系船浮筒25组。港口年

高雄港

吞吐量5000万吨~6000万吨。港口设有百万吨级大型船坞和两座25万吨级单点系泊运输设施。高雄港是世界集装箱运输的大港之一。

台湾的临海工业很发达，围绕高雄港有三千五百余家企业，主要为重工业和石化工业服务。高雄地区是台湾的工业中心。

香港维多利亚港

香港维多利亚港是由香港岛和九龙半岛环抱而成的海港，是香港第一大港，它与美国旧金山、巴西里约热内卢并称为世界三大天然良港。维多利亚港港湾深阔，可以停泊远洋巨轮，有3条主要出入港水

香港维多利亚港

道：东为鲤鱼门，西为硫磺海峡，西北为汲水门，吃水 12 米的远洋轮船可自由进出。港区周围有群山和岛屿作为屏障，形成两头可通的巨型袋式避风港，除直接侵袭的台风以外，通常港内风平浪静。海港处于珠江口东侧，为珠江三角洲的门户，又位于台湾海峡与南海之交，因而成为亚洲及世界的重要海上枢纽。该港口设施先进，与世界上一百多个国家和地区的四百六十多个港口有航运往来，是世界上最为繁忙和最为有效的海港之一。此处还是观赏维多利亚湾夜景的最佳地点，"香港游"的主要游览项目之一便是乘船在夜色中漫游海港，眺望两岸灯火，尽享"东方之珠"风情。

维多利亚港湾的自然条件得天独厚。其水域总面积达 59 平方千米，宽度从 1.2 千米到 9.6 千米不等，可以停泊远洋巨轮。维多利亚港是进入香港的门户，目前有 72 个供远洋轮船停靠的泊位，其中有 43 个泊位可供长达 183 米的巨轮停泊。整个港区开发的码头和货物装卸区总长度近七千米，进出港的轮船停泊时间只需十几个小时，效率之高为世界各大港口之冠。香港港口的助航设施以及港口通信设备十分先进和完备。

世界第一大港——鹿特丹港

荷兰的鹿特丹港是世界第一大港，位于莱茵河与马斯河河口，西依北海，东溯莱茵河、多瑙河，可通至里海，有"欧洲门户"之称。

与我国的上海港一样，鹿特丹港是一个典型的河口港，海洋性气候十分显著，冬暖夏凉，船只四季进出港口畅通无阻。鹿特丹港港区面积约 100 平方千米，码头总长 42 千米，海轮码头岸线长 56 千米，江轮码头岸线长 33.6 千米，总泊位 656 个，航道最大水深 22 米，可停泊 54.5 万吨的特大油轮。鹿特丹港共分 7 个港区，四十多个港池，码头岸线总长 37 千米。这里的起重等设备应有尽有，大小作业船只五百余艘。船只进入鹿特丹港后很少出现等泊位或等货物的问题。

鹿特丹港区服务的最大特点是储、运、销一条龙。通过一些保税

鹿特丹港

仓库和货物分拨中心进行储运和再加工，提高货物的附加值，然后通过公路、铁路、河道、空运、海运等多种运输路线将货物送到荷兰和其他欧洲的目的地。

美国纽约港

　　纽约港也叫新泽西港，是世界上最大的天然深水港之一。它有两条主要航道，一条是哈得逊河口外南面的恩布娄斯航道，长16千米、宽610米，维护深度13.72米，由南方或东方进港的船舶经这条航道进入纽约湾驶往各个港区。另一条是长岛海峡和东河，由北方进港的船舶经过这条航道。哈得逊河入海口的狭长水道，水深三十多米，东河水道大部分河段水深在18米以上，最深处近33米。纽约港腹地广阔，公路网、铁路网、内河航道网和航空

纽约港

运输网四通八达。

纽约港区自然条件十分优越，有纵深的港湾，口袋形的入海口。布鲁克林南端东西走向的半岛部分，自然成为纽约港的天然屏障。纽约港湾内具有深、宽、隐蔽、潮差小、冬天不结冰、常年可通航等优点。从纽约湾入海的哈得逊河水流平稳，无水土流失，也无泥沙淤积。

新加坡港

新加坡港地处新加坡岛南端。该岛东西长42千米，南北宽22.5千米，是天然的良港。

该港属热带雨林气候，年平均气温24℃～27℃。每年10月至次年3月为多雨期，年平均降雨量约二千四百毫米。新加坡港属全日潮港，平均潮差为2.2米。

近几年来，新加坡港已成为世界上最繁忙的港口之一，共有二百五十多条航线往来于世界各地，约有八十个国家

美国纽约自由女神像

和地区的一百三十多家船运公司的各种船舶日夜进出该港，平均每12分钟就有一艘船舶进出。相当于在一年之内世界现有货船都在新加坡停泊了一次。

新加坡港

新加坡有"世界利用率最高的港口"的美誉。该港每天还有三十多个国家的航空公司近三百个航班在新加坡机场频繁起降。新加坡的集装箱吞吐量在1990年和1991年均超过了香港而跃居亚洲第一位。

日本横滨港

横滨港位于本州东南部的关东地区，多摩丘陵南部，在首都东京以北约 20 千米处。它东濒东京湾，北与川崎港相邻，是日本第二大港口。横滨人口仅次于东京、大阪，是日本第三大城市。

日本横滨港

横滨港原是一个不出名的渔村，没有什么港口建设，最初只修建了两座码头，仅供停靠小船，稍大的船只只能离岸锚泊，货物只能用驳船搬运。随着日本外贸和渔业的迅速发展，横滨的船只越来越多。1889 年初，日本政府投入大量资金，对横滨港的设施进行改建和扩建，致使通过该港进行的外贸额大量增加，并成为日本通向世界的最大国际贸易港。进入 20 世纪以来，横滨港的建设有了更大的发展，通过填海造陆等工程，港区和市区在不断扩大。

法国马赛港

地中海利翁湾东岸，是法国和地中海沿岸的第一大货物吞吐港，

法国马赛港

伦敦港

也是欧洲第二大石油进出港。港口有铁路、公路、管道和运河经里昂至巴黎工业区和莱茵河畔，附近建有国际机场。港区分东西两部分，相距约四十千米，其吞吐能力居欧洲第二位，世界第五位。

马赛港水深港阔，设备先进，地理条件得天独厚，万吨级轮船可畅通无阻。全港由马赛、福斯、布克及圣路易罗拉四大港区组成，年货运量为1亿吨。作为法国对外贸易的最大门户，马赛港主要承担原油和石油制品的进出口，另有矿石、热带农产品、机械、食品等产品。繁荣的海上贸易促进了马赛工业的发展，使其成为法国炼油工业和造船工业的中心，造就了发达的机械、食品、电子、纺织等工业部门。整个马赛港自马赛新港沿地中海岸向西直抵罗讷河口的沿海地区，全长70千米，包括拉弗拉、贝尔莱唐、布克港、滨海福斯和罗讷河口的圣路易港，组成了法国南部的港口群，成为法国南部的工业核心。

英国伦敦港

伦敦港是英国最大的海港。优越的地理位置和自然条件是伦敦和伦敦港形成与发展的重要基础。泰晤士河口是不列颠群岛通向欧洲大陆的最短航线的起点，泰晤士河曲折横贯市区，河面宽180米~270

米，伦敦桥下可通行轮船，为港口发展提供了有利条件。在自然环境方面，伦敦位于盆地中央，四面为丘陵，是典型的温带海洋性气候，冬季温和，夏季凉爽，年平均气温 10.5℃，年降水量 615 毫米。泰晤士河口是富庶的英格兰低地的一部分，泰晤士河谷土地肥沃，有利于发展农业。泰晤士河及其支流拥有丰富的水资源，为工农业生产提供了有利条件。所以伦敦不仅是英格兰东南部经济最发达的地区，也是整个不列颠群岛的物资集散地，而且居于大西洋航道的要冲，是连接西欧与北美洲的桥梁。在陆路，国内主要交通干线均以此为起点，有铁路和公路通往英国各大城市。伦敦是英国经济的中心，伦敦港是"伯明翰—巴黎—鲁尔工业区"这一经济发达地带中最大的港口。伦敦是全国最大的机械工业中心，主要工业部门有机电、电子、汽车制造、精密仪器、飞机、船舶制造、印刷和纺织工业等。这些工业主要分布在城市东部的泰晤士河下游两岸，紧靠港口区，交通运输和工业生产用水十分便利。

近年来，伦敦港每年的货物吞吐量达五千多万吨，另外还有 40 万个标准集装箱。港区内有二万多名工作人员，管理工作效率很高，计算机控制雷达航运管理、服务、监测系统，对每天通过的几百艘船只进行监测和调度。

神秘海洋之旅

SHENMI HAIYANG ZHI LÜ

海洋资源

海洋之旅

海洋资源介绍

占地球面积七成以上的海洋是一个巨大的、未完全开发的宝库。从海岸到大洋深处，遍布着人类所需的各种资源。丰富的矿产、鱼类、水资源等都为人们的生产、生活提供了莫大的方便，随着科技的发展与社会的进步，对海洋的开发利用也必定取得新的进展。

巨大的盐库

海水的味道又咸又苦，这是因为海水里含有大量的盐类物质。海水里的盐类种类很多，其中主要是氯化钠和氯化镁。氯化钠是咸的，氯化镁很苦，所以海水的味道是又咸又苦。在组成海水的各种盐类中，氯化钠所占的比重最大，约占盐类总量的70%以上。

食盐

无边的海洋是人类工业和生活用盐的主要产地，在含盐量中等的

海域中，每 1000 千克海水里就含有 35 千克盐。以这样的比例推算，全球海洋中共含有至少 5 亿亿吨盐。世界上食盐有 45% 是用日光蒸发海水制取的。海盐对于人类工业和生活来讲至关重要。

我国的产盐量居世界首位

　　我国沿海 12 个省、市、自治区都有海盐生产。盐田已从 20 世纪 50 年代初的 1000 平方千米增加到 20 世纪 80 年代末的 3600 平方千米，主要分布在辽东半岛、渤海湾、胶州湾、莱州湾、湄州湾、雷州湾、北部湾等海湾内。这些海区，尤其是北方沿海，由于光照充足、蒸发旺盛、含盐量高，所以非常适于海盐的生产。其中，渤海湾内的长芦盐场是我国最大的盐场。

海水淡化

　　海水淡化到目前为止有近百种方法，但是，最主要的有四种方法：蒸馏法、电渗析法、反渗透法和冷冻法。这 4 种方法在技术和生产工艺上都比较成熟，经济效益也比较好，具有较好的实际生产意义。其中，蒸馏法、电渗析法和反渗透法已投入工业生产。蒸馏法中的多级闪蒸、多效竖管蒸馏法和蒸汽压缩法技术工艺均比较完善，是当前进行海水淡化的基本方法。

各国科学家均致力于开发海水淡化技术，图为海水淡化工厂

海水淡化的目的是用物理、化学等方法将含盐量较高的海水脱去大部分盐分，以满足人们对淡水的需要。海水中的平均含盐量为3.5%，即每升海水中含有各种盐的总量为35克，而人们饮用淡水的含盐量每升中最多不应大于500毫克。海水脱盐这种看似并不复杂的工艺在实际生产中，尤其是大批量生产中有许多棘手的难题需要攻克。因而，我们现在首先要做的就是节约用水。

丰富的油气资源

目前，中国在海洋油气田开发上已经积极投入并取得了较大的成果。今后这项工程我们仍要继续下去。

第二次世界大战后，科学技术的飞速发展使人们有条件进行近海海底石油资源的开采。1947年，美国最先

海上钻井平台

开始尝试海上石油开采。1977年，世界上已有439条钻探船进行油气资源的开采作业。

石油产区

世界海洋石油的绝大部分存在于大陆架及其临近地区。波斯湾大陆架石油产区较早地进行了大规模开采，现在这一区域已成为供应世界石油需求的主要地区。欧洲西北部的北海是仅次于波斯湾的第二大海洋石油产区。委内瑞拉的马拉开波湖是世界上第三大海洋石油产区。此外，美国与墨西哥之间的墨西哥湾，中国的近海（如渤海、黄

海、东海和南海）也都蕴藏着丰富的石油资源。

海上第一口油井

最早开发近海石油资源的是美国。

美国人于 1897 年采用木制钻井平台在浅海处打出了石油。1924 年，在委内瑞拉的马拉开波湖和苏联的里海沙滩上，先后竖立起了海上井架，开采石油。而效率更高、真正意义上的现代海上石油井架则是在 20 世纪 40 年代中期才正式被应用的。1946 年，美国人在墨西哥湾建立起第一座远离海岸的海上钻井平台，打出了世界上第一口真正意义上的海底油井。

中国炼油厂

中国的石油资源

我国海域现在已发现了三十多个大型沉积盆地，其中已经证实含油气的盆地有渤海海盆、北黄海海盆、南黄海盆地等，总面积达 127 万平方千米。临近我国的海域，42% 含有石油和天然气。南海南沙群岛海域，估计石油资源储量可达 350 亿吨，天然气资源可达 8 万亿立方米 ~ 10 万亿立方米。有人预言，我国南沙海域有可能成为世界上第二个波斯湾。为了子孙后代的利益，为了我国的能源战略安全，我们必须重视对我国海洋利益的维护。

石油城

世界上已有上百个国家在海上建立了"石油城"，一座座钻井犹如擎天立柱般屹立在大海之上。

世界上主要油田有六百余口。在石油储量上，中东的波斯湾一马

雅典娜雕像的复制品

当先，其次是委内瑞拉的马拉开波湖，第三是欧洲的北海。波斯湾和马拉开波湖的海底石油储量约占世界石油储量的70%左右。在海底天然气储量方面，波斯湾居第一，北海居第二，墨西哥湾第三。

世界已探明的大型油气田有七十余个，其中特大型油气田有10个，大型油气出4个，6年产量超过1000万吨的有11个，其中以沙特阿拉伯、委内瑞拉和美国为主。离岸的石油井最远达500千米，最深井达到7613米，平台最深约三百米。世界的"石油城"仍在不断增加，石油和天然气的产量也在逐步增加。

石油应用

石油最初被用于汽车、飞机的燃料。20世纪50年代后，石油化工业正式大规模兴起，石油可加工成合成纤维、橡胶、塑料和氨等。目前至少有五千多种石油化工原料，直接关系到人们衣食住行的方方面面，人们的生活已与石油化工产业密不可分了，石油化工产业在改善人类生活水平方面居功至伟。石油已渗透到经济、军事、航天等几乎所有的部门，石油能源的安全已成为世界各国普遍关心的话题。世界

油井

各国将会不惜一切代价来保障本国的石油能源安全，以满足本国工业、农业和人民日常生活对石油的需求。

可燃冰

可燃冰并不神奇，它是由水和天然气组成的一种新型的矿藏，广泛分布于海底。这种天然气水合物的外表同冰非常相似，为白色固态结晶物质。从物质结构上看，它是一种非化学构成的笼形物质，它的分子结构像灯笼一样，具有极强的吸附气体的能力。当这种晶体吸附到一定程度的可燃气体时，便可以作为能源利用了。可燃冰含有多种可燃物质，其中甲烷占多数，约为90%，其余的是乙烷、乙炔等。可燃气体分子处于紧密压缩状态，为固态结晶体，由于这种固态气体可以燃烧，因此它被称为"可燃冰"。目前，世界各国正在合力开发这种物质，以作为国内能源产业的新型替代能源。

可燃冰的形成原理

关于可燃冰的形成，专家们意见不一。一般认为，可燃冰是水和天然气在高压和低温条件下混合时产生的晶体物质。这种可燃冰与一般天然气具有明显的区别。一般的天然气是海洋中的生物遗体在地下经过若干地质年代生成的，而固态天然气——可燃冰矿，则不是由生物遗体形成的。可燃冰可能是数十亿年前，在地球形成之初的某个时期，在深海500米~1000米的岩层中，保存在水圈里的处在游离状态下的甲

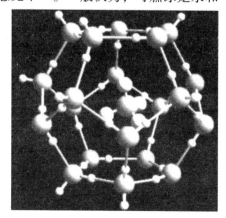

可燃冰分子结构示意图

烷在适宜的条件下与水结合而成的结晶矿。可燃冰普遍存在于海洋中，已经探明的储量极为丰富，是陆地上石油资源总量的百倍以上，这样可观的储量引起了世界各国科研人员的兴趣。

可燃冰的开采

俄罗斯对可燃冰的开采进行了首次尝试。他们在西伯利亚的梅索亚哈气田进行了试验并取得了成功，这个气田在背斜构造上，储气的地层是白垩纪砂岩层。气田中的一部分天然气钻入地表松散的沉积物中，由于西伯利亚的低温与地层中的压力，天然气与水结合成水合天然气。水合天然气充填于松散沉积物的孔隙中，形成了封闭的壳层。迄今为止，俄罗斯已开采了近三十亿立方米的可燃冰。俄罗斯的尝试成为人类对可燃冰开采的首次成功实验。自此，人类对可燃冰的开发进入了一个崭新的时代。

矿产资源

毫无疑问，占地球表面70%以上的海洋是一个巨大的矿产资源宝库。从海岸到大洋深处，遍布人类所需的丰富的矿产，海洋深处蕴藏着金、银、铜、铁、锡等重要矿藏。

海洋矿藏中最重要的当数锰结核，它是块状物质，堆积在水深4000米～6000米的深海海底，总共约有三万亿吨，锰、铁、镍、铜等主要金属元素均以氧化物的形式富集于锰结核各层内。

在海洋深处，存在着大量的重金属软泥，含有丰富的金、银、铜、锡、铁、铅、锌等，比陆地上的要丰富得多。海洋是人类未来的矿产宝库，人类在开发海洋矿产时也应该注意保护海洋生态平衡，为海洋生物创造良好的生存环境。

铀

铀在裂变时能释放出巨大的能量，不足1000克的铀所含的能量约等于2500吨优质煤燃烧时所释放的全部能量。在核能源迅速发展的今天，铀已成为各国的重要战略物资。陆地上的铀储量非

铀矿石

常少，海洋中却拥有巨大的铀矿储藏量。据统计，大洋中铀的总储量约达四十五亿吨之多，这个储量相当于陆地总储量的 4500 倍。海洋中的铀含量仅是理论上的计算，毕竟铀在海水中的浓度非常小，每升海水仅含 3.3 微克铀，即在 1000 吨的海水中，仅含 3.3 克的铀。如何开发和利用海洋上的铀能源成为科学家们的一大难题。

铀的分布

铀在海洋中的分布并不均衡。在海水垂直分布上，太平洋和大西洋中的铀在水深 1000 米处含量最高；而在印度洋中部则是在 1000 米 ~1200 米含量最高；最低的含量是在水深 400 米处。在海洋生物中，浮游植物体内的含铀量要比浮游动物高 2 倍 ~3 倍。

如此不均衡的分布为铀能源的开发设置了新的难题。科学家会如何克服这些难题呢？我们拭目以待。

溴

溴在工业医药领域中有重要的应用。它是杀虫剂的重要组成成分、是医用镇静剂的主要成分、是抗菌类药物的主要组成元素……

海水中溴的含量较高，在海水中溶解物质的顺序表中排行第七位，每升海水中含溴 67 毫克。海水中的溴总量有 95 亿吨之多。

溴的工业用途

溴在工业上被大量用作燃料的抗爆剂，把二溴乙烷同四乙基铅一起加到汽油中，可使燃烧后所产生的氧化铅变成具有挥发性的溴化铅排出，以防止汽油爆炸。此外，溴还在石油化工产业中担负着非常重要的作用。

金刚石

金刚石是目前已知矿物中最硬的矿物，它被广泛应用于钻头上和切削器材上。金刚石还有鲜艳夺目的色彩。纯度高的金刚石被称为钻石，它是一种贵重的宝石。金刚石还可制成拉丝模，做成的丝可用于制作降落伞的线。细粒金刚石还是高级的研磨材料。

金刚石的产地

非洲大陆是金刚石之乡，南非、刚果（金）和刚果（布）均是金刚石的重要产地。非洲纳米比亚的奥兰治河口到安哥拉的沿岸和大陆架区估计总储量有 4000 万克拉，而在奥兰治河口北面长 270 千米、宽 75 千米的地带特别富集。该地域含金刚石沉积物厚达 0.1 米 ~ 3.7 米，平均每立方米的金刚石含量为 0.31 克拉，储量约有二千一百万克拉。由于奥兰治河流经含金刚石的岩石区，把风化的金刚石碎屑中的一部分带入大西洋，并在波浪的作用下，扩散到沿岸 1600 千米的浅滩沉积物中，形成了富集的金刚石砂矿。这里真可谓举世闻名的"宝石之都"。

海绿石

海绿石广泛分布于 100 米 ~ 500 米深的海底，它富含钾、铁、铝硅酸盐等矿物，颇具经济价值。其中氧化钾含量占 4% ~ 8%，二氧化硅、三氧化铝和三氧化铁的含量占 75% ~ 80%。

海绿石颜色很鲜艳，有的是浅绿色，有的是黄绿色或深绿色。海绿石形态各异，有粒状、球状、裂片状等。

海绿石是提取钾的原料，可做净化剂、玻璃染色剂和绝热材料。海绿石和含有海绿石的沉积物还可做农业肥料。

海绿石

白云石

白云石是一种普通的矿物，一般存在于石灰石和沉积岩中。白云石能在遇到热盐酸时生成气泡。白云石蓄集铅、锌和银，是炼镁等冶金工业中的主要原料，也是玻璃、耐火砖等建筑材料生产中不可或缺的材料之一。大约二百年前，法国自然科学家雷姆在意大利考察时，发现了一条起伏不平的山脉横亘在蓝天下，全是浅白色的岩石，像一片白云，雷姆遂给这片岩石起名为"白云石"。

海底软泥

英国海洋考察船"挑战者"号，在 1872 年—1876 年的环球探险中，在各大洋的海底，多次发现了深海软泥。探险科考队员们根据各种软泥的不同特性对其进行了分类，分别命名为抱球虫软泥、放射虫软泥、硅藻软泥、翼足类软泥等。

硅藻软泥层

放射虫软泥

当深海红黏土中的放射虫硅质壳的含量超过 20％时，就称其为放射虫软泥。放射虫软泥仅分布于低纬度海底，在太平洋呈东西带状分布，而大西洋、印度洋则很少见。

金属软泥

金属软泥矿是近三十年来海底矿床研究的重大发现，它引起了世人的广泛关注。

1984 年，瑞典"信天翁"号船在红海航行时发现苏丹港至东北岸吉达中间的海水温度异常，较同纬度海水温度高。在 20 世纪 60 年代国际印度洋考察期间，他们在红海深约二千米的海洋裂谷中，发现了四个富含重金属和贵金属的构造盆地，他们将其命名为"阿特兰蒂斯 11 号"海渊、"发现"号海渊、"链"号海渊和"海洋学者"号海渊。它们的总面积约八十五万平方千米，水深都大于 2000 米，海底沉积软泥中金属元素含量特别高，覆盖沉积物的海水含盐度也很高。

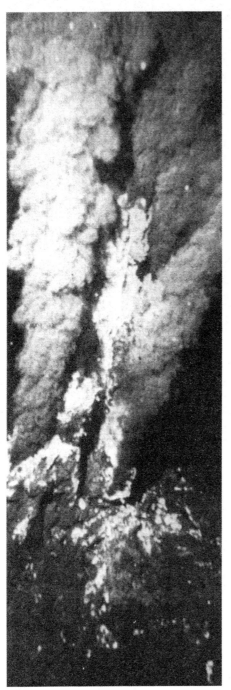

那里的水温异常，底层水温高达56℃，海水中的含矿程度比一般海水高1000多倍。软泥中含有大量的铜、铅、锌、银、金、铁和铀、钍等金属元素。而这些软泥多分布于红海中部的强烈构造破碎带上，它们的生成与地震和火山活动有关。

钴

钴呈灰白色，它的化学性质像钛，可用来制作特种钢和超耐热合金，也可以做玻璃和瓷器上的蓝颜料。钴作为一种特殊金属元素，可代替镭来治疗恶性肿瘤。此外，它在工业上也有广泛应用。

美国和德国科学家共同于1981年在夏威夷以南的海底发现了钴、镍等资源。钴矿源集中在800米～2400米深的海底高原的斜坡上。以太平洋为中心，各大洋的海底均不同程度地蕴藏着钴矿。其中仅在美国西海岸的370.4千米的海域内，蕴藏量就达4000万吨。丰富的钴矿蕴藏量为人类开发利用钴元素提供了广阔的平台。

锰结核

锰结核是海洋中重要的矿藏，它含有锰、铜、铁、镍、钴等76种金属元素。世界大洋

中的锰结核矿总储量约为三万亿吨，仅在太平洋的储量就达 1.7 万亿吨。如果把海洋中的锰结核全部开采出来，锰可供人类使用 3.33 万年，镍、钴、铜分别可供人类使用 2.53 万年、34 万年和 980 年，而且锰结核还以每年 1000 万吨的速度在增长。人类将把利用海洋的重点放在如何去开发使用这类锰结核矿上，以解决现在普遍存在的矿产短缺危机。

锰结核的发现

1872 年，英国"挑战者"号海洋考察船在海洋学家汤姆森教授的带领下开始了环球考察。1873 年 2 月 18 日，"挑战者"号航行到加那利群岛的费罗岛附近海域，用拖网采集取样时，发现了一种类似鹅卵石的黑色硬块矿石。它的形状类似马铃薯，直径在 1 厘米 ~25 厘米不等。汤姆森将这些海底矿样当作一般样品封存起来，这些样品并未引起"挑战者"号科学家们的重视。海洋学家将这些样品存放在大英博物馆。后来，经地质专家化验分析，这些黑色"马铃薯"是由

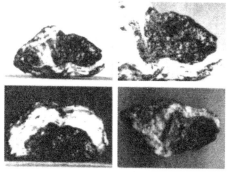

深海锰结核

锰结核

锰、铁、镍、铜、钴等多种金属化合物组成的。剖开来看，发现这种团块是以岩石碎屑、动植物残骸的细小颗粒和鲨鱼牙齿为核心，呈同心圆状一层一层长成的，专家们遂将这些矿石称为"锰结核"。

热液矿

1981 年，美国科技工作者在太平洋东部厄瓜多尔附近的海域底部发现了热液矿藏，这一发现吸引了全球地质学家的目光。这个巨型热液矿床处在 2400 米深的海底，在长 1000 米、宽 218 米的范围内，储藏量竟达 2500 万吨。科学家们经过分析化验发现，这种矿富集铜、

铁、钼、铅、银、锌、镉等元素。这实在是人类地质科考中令人惊喜的大发现。

热液矿的优点

热液矿具有非常大的用处。第一，热液矿在海平面下 3000 米以上，便于开采；第二，热液矿单位面积产量高，要超过锰结核千倍，含有贵金属也多，具有更大的诱惑力；第三，陆上已有与热液矿相似的矿床，金属提炼方法成熟，技术难度小；第四，太平洋大洋中脊的位置离美国近。所以，美国的投资者们对热液矿产生了浓厚的兴趣。

最大的淡水库

世界淡水资源非常有限，节约用水已成为人类的普遍共识。然而，随着工农业发展和环境污染，水资源匮乏终究会来临。人类该如何度过"水荒"危机呢？冰川淡水资源极具开发前景，于是对南极洲冰川的利用提到了各缺水国家的议程上来。全球冰川总面积约 1623 万平方千米，南极冰盖面积 1398 万平方千米，占全球冰川面积的 86%。南极的冰山，完全可以当作淡水来利用，其总储水量为 2160 立方千米，占全球淡水总量的 90%。南极的海洋里约有 22 万座冰山，这对缺水国家来讲充满了诱惑力。南极储藏着巨大的淡水资源，但它能不能被人类利用呢？

运输冰山的困难

冰山是未来主要的淡水资源，但在使用上却存在运输困难的问题。对此人们想出了许多解决方法。

运输冰山首先应选择恰当的冰山。南极冰山可分为台状形、圆顶形、倾斜形和破碎形等几类。运输的冰山应尽量选择有规则形状的，冰山的大小也要选择恰当的。冰山太大会带来拖运的困难，太小又不合算，所以要选择适中的为宜。

南极冰山一般几百米长，高出水面几十米，大一点的近几百千

米，体积巨大，重量惊人。运输这样的庞然大物，是一件很困难的事情。运输冰山要动用许多大马力的运输船，而且航速也很缓慢。这都为冰山的运输增加了许多困难。

让冰山自己航行

冰山的运输可以说是一件难于登天的事情。为解决这类难题，各国科学家进行了大胆的设计和实验。其中，美国科学家科纳尔提出了一个想法：让冰山自己"跑"到指定地点。

科纳尔解释说：利用冰山与周围海水之间的温差，就可以把冰山推走，只要在冰山一端装上蒸汽涡轮推进器就行了。因为，冰山底下的海水温度要比冰山本身高11℃，这个温度已经足够把液态氟利昂变成气体了。受热膨胀的压力就可把发动机发动起来，冰山也就会像动力船一样自己行驶了。这样既节省了运费，又解决了冰山运输的困难。

让冰山通过赤道

但还有一个难题：冰山如何通过炎热高温的低纬度地区呢？科学家们又有一计：用涂有散热降温药物的塑料薄膜，为冰山穿上合适的衣服。在冰山的中间部位开几个洞，使这些部位的冰露出来，直接接受阳光的照射，使此表层的冰逐

渐融化，这相当于在冰山上开凿了几个贮水池，所以这种方法比较实用。

海洋之旅
海洋空间资源

随着世界人口的不断增长，我们的陆地可开发利用的空间越来越小，并且日见拥挤。而海洋不仅拥有骄人的辽阔海面，更拥有潜力巨大的海底资源。海洋空间资源的开发与利用将带给人类生存发展的新希望。

开发和利用海洋空间资源，已成为各海洋国家重视的项目，开发海洋也将成为世界科技的大趋势。对于那些陆地面积狭小的国家来说更是如此。假若人们能够将占地球总面积71%的海洋加以充分利用的话，人类的居住面积将大大改善。

海湾利用

海湾深入陆地，风平浪静，最有利于各项建设事业。

世界上许多海湾都已建有港口等设施。现在许多国家已在海湾上修建了水上飞机场、人工岛、海上城市和旅游设施等。

海运利用

海运在各种交通中的优势明显、航船载货量大（尤其是巨型邮轮）、运费低、适应性较强、沟通便利……世界上多数国家都是邻海国家，海运可直达世界各地，自古以来，海运始终是国际贸易中的主力军。

横滨

青函海底隧道

世界最长的海底隧道是日本的青函海

底隧道。它南起本州青森县，北至北海道的函馆，横穿津轻海峡，隧道全长约 54 千米。它的主隧道宽 11 米，高 9 米，中央部分在海面以下 240 米，切面是马鞍型；隧道内铺设了两条铁路，另有两条用以后勤或维修的辅助隧道。高速火车通过隧道仅用 13 分钟。该隧道耗资 37 亿美元，被称为当代的一大奇迹。青

函隧道成为日本沟通本州和北海道的纽带，大大促进了本国的经济交流。

香港九龙海底隧道

香港九龙海底隧道计划于 1955 年正式提出，1966 年开始动工，1972 年建成通车。隧道全长 2625 米，其中海底部分为 1290 米。这条隧道的建成是香港交通史上的里程碑，也是当时闻名于世界的大工程之一。

整个隧道由香港政府出资兴建，连通九龙半岛至香港岛的维多利亚海峡海底隧道。此外，九龙至香港之间还有一条地下铁路海底专用隧道。

20 世纪 70 年代中期，香港开始兴建维多利亚海峡海底隧道工程。施工部门按照设计，在陆地上用钢筋混凝土浇制 14 个体积庞大的隧道沉管，将其陆续沉入海底，再接起来加以固定。

海底利用

浩渺的大海始终寄寓着人类美好的愿望，人们想象着大海深处的世界是什么模样，我国古代便有海底"龙宫"的传说。

21 世纪，人们将向海底发展，在大海深处建造城市。在海底建城市，面临的最大问题是水压和海水腐蚀问题，因此，就需要研发出一系列抗压和耐腐蚀的建筑材料来。海水淡化、废水处理、空气循环等难题也应当被攻克，这样人类才得以入住海底。

滩涂利用

目前，一百四十多个国家都在从事滩涂水产养殖，仅虾类养殖面积就已达一百多万平方千米。我国的海水养殖面积达八十多万平方千米。

　　荷兰几百年间围海造陆六十多万公顷，占其国土面积的 1/5。日本也已围海造陆 12 万公顷，为亚洲之首。此外，新加坡、美国也都有围海造地的计划并得以实施。我国在历史上累计开发滨海荒地和滩涂 1677 万公顷，新中国成立以来，我国又围垦了六十多万公顷。我国香港的启德机场和新机场，澳门的机场均由填海而成。一些海滨城市在海上建机场已是一种趋势，如韩国的仁川国际机场位于两个岛屿之间填海而成的人造陆地上；日本神户人工岛是一座有现代化的港湾设施、居民住宅、国际展览中心、酒店、公园、飞机场的海上城市，居住着 15800 人。这样，在不久的将来，人类向海洋进军的计划会更大。

海上人工岛

　　这种通过人工在海洋中建成的陆地，我们就叫它海上人工岛。人类在开发海洋资源的同时，也在不断探索如何在海洋上开发生存空间。日本在 20 世纪 70 年代，利用一个海中的小岛，再移山填海建成了长崎机场。海上人工岛也可以建造大型居住区，这就是海上城市。

海上人工岛

中国的海上人工岛

　　我国第一座海上人工岛——张巨河人工岛坐落在河北省黄骅市歧口镇张巨河村南距海岸 4125 米的海面上。张巨河人工岛具有勘探、开发、海上救助和通信等功能。

　　张巨河人工岛隶属于大港油田，于 1992 年 5 月 22 日定位成功。它采用单环双壁网架钢板结构，内径 60 米，防浪墙高 7.5 米，主要用于 2.5 米以下水深、工作条件恶劣的极浅海域的石油勘探与开发。它是我国渤海洋面上的一颗明珠。

海上旅游业

　　旅游被人们称为"无污染绿色产业"，旅游业的开发在各国备受关注。许多海岸地带是旅游、休闲的好去处——优质的沙滩、清新的

空气、明媚的阳光、宜人的气候，为海上旅游注入了不竭的生命力。许多国家都在这方面进行了开发，如意大利已建成五百多个海洋公园，其中利古里亚海东岸的维亚雷焦海洋公园，是一个大型的海洋综合游乐中心，内设游览、体育俱乐部、训练场等，已成为欧洲旅游天堂。我国各省市的海滨浴场也吸引了越来越多的游客。数量众多的海岛被称为"海上明珠"，发展海岛旅游前景广阔，而我国海岸线广阔，具备开发旅游业的诸多有利条件。为推动我国走向世界，为促进中国经济的良性发展，为改善人民生活水平，我国海上旅游资源的开发势在必行。

围海造陆

荷兰有 27% 的土地是在海平面之下的，有近 1/3 的国土海拔仅 1 米左右。首都阿姆斯特丹的位置，就是昔日一个低于海平面 5 米的大湖。因而，如果不是那些高大的风车，如果没有荷兰人民围海造田的不懈努力，荷兰恐怕早已沦为一片沼泽了。

荷兰的围海造陆工程

荷兰的造陆，主要方式是筑堤排水，从海平面以下取得陆地。在 20 世纪初（1927 年—1932 年），荷兰筑起了世界上最长的防浪大堤。

围海造陆

香港海底隧道

大堤长 30 千米，高出海面 7 米；海堤底宽 90 米，顶宽 50 米；堤顶可并驶 10 辆汽车。防浪海堤修起后，将须德海完全封闭起来，形成内湖，人们又把内湖水进行淡化，然后分片筑堤围垦，荷兰最终获取陆地 2600 平方千米。在上世纪中叶，荷兰又实施了"三角洲工程"计划。此工程是修筑一条大堤，将莱茵河、马斯河、斯海尔德河的三角洲截住以将活水永远拦在大堤之外，保住南部三千多平方千米的国土。同时，荷兰又在海堤上建起一座通航船闸，修筑通航水道。荷兰人利用挖取的淤泥填充低地，以获取港口用地，确保通航水道能够具备持续的通航能力，而这个大型的围海造陆项目也成为荷兰人的骄傲。美丽的郁金香之国，浩大的围海造陆奇迹吸引了一批又一批慕名而来的世界各地游客。

围海造陆的利弊

科学合理地开发，海洋能造福于人类，但是，只顾眼前利益，不合理地盲目围海，也会给人们带来灾难。这样的例子，在我国沿海经常能见到。例如，渤海沿岸水域，原是鱼类和对虾的繁殖地，但由于不合理的围垦，鱼虾的产卵地完全被破坏，以致如今渤海往日的鱼汛都无法形成。近几年，几乎年年都发生大面积赤潮灾害，有的年份，一年之内竟发生数十次赤潮，而且发生次数逐年上升。其中对渔场的破坏最为常见，无目的、无秩序盲目围海造陆会使海洋环境因素发生变化，这便会破坏渔场，给海洋的渔产养殖业以致命打击。围海造陆可能破坏它所在海域的原有海洋生态环境系统，造成水域污染。所以，填海造陆、围垦滩涂如果处理不当，就会造成环境污染，破坏生态平衡。

神秘海洋之旅
SHENMI HAIYANG ZHI LÜ

海洋生态

海洋之旅

海洋生态环境

生态系统中的各因素都处在一个相对平衡的状态。在长期的进化过程中，各因素之间建立了一种相互协调、相互制约、相互补偿的关系，使整个自然界保持一定限度的稳定状态。其中海洋生态系统起着重要的作用，影响着人们的生产、生活。

海洋中的食物链

海洋生物群落中，从植物、细菌或有机物开始，经植食性动物到各级肉食性动物，依次形成摄食者的营养关系，这种营养关系被称为食物链，亦称为"营养链"。食物网是食物链的扩大与复杂化。物质和能量经过海洋食物链和食物网的各个环节所进行的转换与流动，是海洋生态系统中物质循环和能量流动的一个基本过程。海洋食物链错综复杂，但正是由于它的存在，海洋生态系统才会有条不紊地运转着。

食物链的结构有些像金字塔，底座很大，每上一级都缩小很多：第一级是由数量惊人的海洋浮游植物构成的，是食物链金字塔的最基础部分，通过光合作用生产出碳水化合物和氧气，是海洋生物生存的物质基础；食物链的第二级是海洋浮游动物，它们以海洋浮游植物为食；第三级是摄食浮游动物的海洋动物；第四级则是海洋中的食肉类动物，如金枪鱼、鲨鱼等，它们处在金字塔的最高层，是海洋中的霸主。

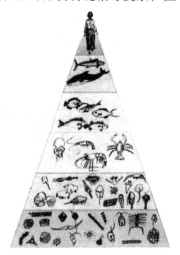

海洋金字塔状食物链

海洋之旅
海洋植物

海洋植物与陆地植物并不一样，大部分海洋植物没有根、茎、叶。许多海洋植物只有在高倍显微镜下才看得到。海洋绿色植物在生命过程中，从海水中吸收养料，在太阳光的照射下，通过光合作用，合成有机物质（糖、淀粉等），供给自己营养。海洋植物有海草、红树、海藻。

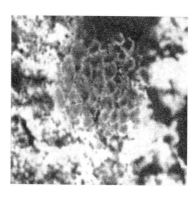

海草

海草是只适应于海洋环境生活的维管束植物，属于沼生目，大部分海草叶片均为带状，形态相似，在热带、温带近岸海域均有分布。一般来说，海草基本上生活在浅海中或大洋的表层，大部分海草只能生活在海边及水深几十米以内的海底。然而，不同海草的分布深度不同。如海南岛沿海常见的海菖蒲是一种多年生的草本植物，是海草中唯一仍保持空气授粉的种类，它只分布在水深一米之内的海域。而泰莱草与二药草是以水为媒介授粉的，一般在水深两米以内分布。

海草作为南海沿岸重要的生态系统之一，是海洋高生产力的象征。

海草生长在海洋边缘部分一个相当狭窄的地带，海草场是热带水域重要的潮下带生产者，成为许多经济鱼类和无脊椎动物的天然渔礁。海草常在沿海潮下带形成广大的海草场，海草场是高生产力区。目

前全世界海域共有 12 属 49 种海草，我国共有 9 属。参与调查的海南省海洋开发规划设计研究院负责人、海洋学博士王道儒这样评价海草：海草与红树林、珊瑚礁一样，是巨大的海洋生物基因库，具有重要的生态价值。

海草是一类有根的开花植物，其根系非常发达，这有利于抵御风浪对近岸底质的侵蚀，对海洋底栖生物具有保护作用。同时，通过光合作用，它能吸收二氧化碳，释放氧气溶于水中，对海水溶解氧起到补充作用，从而改善渔业环境。更重要的是，它能为鱼、虾、蟹等海洋生物提供良好的栖息地和蔽护场所，海草床中生活着丰富的浮游生物，个别种类的海草还是濒危保护动物的食物，如儒艮。

纤弱的海草，靠着厚重的根基，竟能与狂风暴雨抗衡。纵然被海浪冲击得前后摇摆，却始终不会被折断。在探寻其神秘的同时，我们不能不为这种弱小群体物种的坚韧而感慨。

地球上的植物起源于海洋，但海草是"二次下海"，它在植物的进化上的地位就如同鲸、海豚一样重要。我国沿海水域都有海草分布，温带型、亚热带型、热带型海草，是浅海水域初级生产力的重要供给者。有的海草的生产力比红树林的生产力还高。

红树

红树是一种生长在热带、亚热带海岸滩涂的树种，它包括红心红树、黑心红树和白心红树三种。红树是少数能在海水中生长的植物。它的叶子上长有盐分泌细胞，这层细胞在油脂下会分泌一种含盐量7%的溶液，使红树从海水中不断提取淡水，保持其正常生长。

红树的繁殖方式很特殊。当成熟的红树结出种子后，会附着在树上发芽，长出有根端的附属物。当这一根系达到数十厘米时，便会自动脱落插入泥土中，随即在河口滩涂生根长叶，长成新的红树。有的

下落的树根胚胎会被潮汐带走，漂浮在海面上，直到落地生根为止。红树的籽苗可以漂到很远的地方，甚至能依靠赤道洋流，横渡大西洋，遇到陆地后仍能生根成树。

海藻

大量的海洋植物生命是由海藻构成的。它们在结构上是简单的单细胞或多细胞生命体。海藻是海洋植物中的一个大家族，共有八千多种。海藻的种类繁多：小的用显微镜才能看得见，大的则长到几百米，重几百千克。人们根据海藻所含的不同色素，把它们分为褐藻、红藻、绿藻等。

褐藻大部分生长在海洋环境里，它们含有特殊的促进光合作用的黄色和深红色色素。褐藻的特点是体形巨大。主要有巨藻、海带、裙带菜、墨角藻、囊叶藻、马尾藻等。它们中有许多品种可以食用，还有许多品种可以提取化工原料。

红藻大多是由复杂的细胞组成，大部分生长在海洋环境中，其内部含有特殊的蓝色或红色色素。红藻的品种繁多，藻体多呈紫色或紫红色，有丝状、片状和分枝状等，主要品种有紫菜、石花菜、

鸡毛藻、红毛藻、海索面、海头红、多管藻、鹧鸪菜等，红藻的许多品种具有食用价值或药用价值。有的红藻还被用来生产维生素和化肥。

绿藻是单细胞植物，或者是聚合成细胞群。绿藻与大部分植物类似，含有叶绿素，而且它们把食物以淀粉的形式储存起来。绿藻种类也比较多，但海生绿藻只有六百种左右，最常见的是石莼、礁膜、浒苔、羽藻、蕨菜、刺海松、伞藻等。其中，石莼、礁膜和浒苔是著名的海生蔬菜。

海洋之旅

海洋动物

在上百万年的海洋生活中，海洋动物为适应环境，形成了一些特点，从而能够生存下来，并且不断繁衍。这些特点包括：有适应水中生活的推动前进的尾巴和鳍；缓慢的新陈代谢，减少耗氧量；抵御低温的脂肪等。形状各异的海洋动物装扮了沉寂的海洋。

在海洋中生活着种类繁多的动物，许多动物都非常独特，与它们在陆地上生活的远亲有很大不同。有些动物很奇怪，没有腿，或者没有眼睛、耳朵。有些动物看起来很像植物，紧紧地贴在海底或是岩石上，从周围的水中吸吮氧气和食物。但是所有海洋动物都有共同的特点，即它们无法自己生产食物，只能从周围的环境中获取食物。

海洋动物另一个显著的特点是结构一般较简单原始，这是由于海洋环境相对稳定造成的，在这种环境中，动物的身体结构发展一般比较缓慢，从而保持了较古老的特征，也保留下许多种类的古老类型。与三叶虫同时代的鲎的后代，就是肢口纲剑尾目中唯一生存至今的古老物种。此外，还有具有"活化石"之称的舌形贝，人们常称它们为海豆芽；也可看到另一种腕足类动物似的穿孔贝。

软体动物也有很多古老的类型，如新蝶贝，从形态上看不出它们和其祖先有多少差别，另外还有鹦鹉螺等。脊椎动物中最有名的大概算得上是矛尾鱼了，也即大名鼎鼎的拉迈蒂鱼，它的形态让人们回想到了泥盆纪时代。海洋中的一些爬行动物也是较古老的类型，如海龟和海蛇等。诸如水母、有孔虫、放射虫、珊瑚等古老类型的动物更是不计其数。

海洋之旅
贝类动物

贝类属软体动物门中的双壳纲，因其体外一般有1块~2块贝壳而得名。贝类几乎都生活在海洋、河流等地，它们有坚硬的外壳保护着柔软的身体。有的还可以像蜗牛一样在陆地上生存。常见的贝类有牡蛎、贻贝、蛤、蛏等。它们可以像鱼儿一样用鳃呼吸，在水中自由徜徉。

双壳类软体动物中的牡蛎科或燕蛤科大多分布于温带和热带各大洋沿岸水域。牡蛎于公元前即已养殖以供食用；珍珠可在珍珠牡蛎的外套膜中产生。牡蛎的两壳形状不同，表面粗糙，贝壳颜色呈暗灰色；上壳中部隆起；下壳附着于其他物体上，非常大，贝壳的边缘比较光滑；两片贝壳的内面都是白色的，也很光滑。两壳在较窄的一端由一条有弹性的韧带连接着。贝壳的中部有强大的闭壳肌，用来对抗

韧带的拉力。当两块贝壳微微张开时，藉纤毛的波浪状运动将水流引入壳内，滤食微小生物。鸟类、海星、螺类，以及包括鳐在内的鱼类均食牡蛎。灰色尾号螺在海洋中分布很广，这种海螺常在牡蛎壳上用舌钻一小孔，吸食其活性组织。牡蛎多雌雄异体，但也有雌雄同体者。牡蛎还能按季节或随水温的变化而改变性别（节律性雌雄同体）。在夏季繁殖期，有些种类的牡蛎将卵排到水中受精，而有的则在雌性牡蛎体内受精。孵出的幼体呈球形，有纤毛，浮游数天后永久依附于其他物体上。

海洋之旅
海洋哺乳动物

辽阔的海洋不仅是鱼类的世界，那里还生活着许多哺乳动物，人们将它们称为海兽。海洋哺乳动物是最具特色的海底动物，然而，这类特殊的动物种群中有很多种类正濒临灭绝，虽然人们已经采取种种措施保护濒危的海洋动物，但它们还是在不断减少……

鲸

鲸生活在海洋里，它们的外表看起来像鱼，但它们并不是鱼，而是胎生的哺乳动物。鲸是温血动物，表皮下有厚厚的脂肪层，能够保持体温。为了适应水中的生活，鲸的后脚已经完全退化，前脚则进化成鳍肢，所以鲸已经不能适应陆地生活了。鲸用肺呼吸，用乳汁哺育自己的后代，雌鲸是一位尽职尽责的母亲。

大型鲸群会因摄食和繁殖而进行迁徙，它们夏季待在食物丰富的两极地区，冬季便迁居到热带海洋避寒和繁殖。有些鲸在每年特定的时间内迁徙；有些则根据当地环境来决定是否需要迁徙；有些仅仅在生活的海域或附近洄游。

鲸是喜欢群居的动物，有些族群的数目多达数千头，群聚依种类、时间或住处的不同而导致数目上的差异。鲸与同伴们的联系相当密切，常常并肩作战，齐心合力围捕猎物，它们是一个团结的集体。

你目睹过"鲸鱼喷潮"吗？鲸不能在水里呼吸，它必

座头鲸

须经常上浮到水面来呼吸空气。鲸呼吸不用嘴，而是用头顶上特殊的喷气孔。它们到水面上呼吸时，肺部的空气会通过喷气孔向空中喷射出一团水雾，景象十分壮观。

鲸类世界中，座头鲸的叫声虽然悦耳动听，但却比较单调，虎鲸能发出62种不同的声音，而白鲸则能发出几百种不同的声音。所以，白鲸在动物中素有"语言大师"的美誉。

座头鲸与其他鲸相区别的重要特征是长达5米的巨大鳍状前肢，它们锯齿状的胸鳍上有黑白两色的花纹，而且斑纹的样子各异。座头鲸大都生活在海岸附近，以鱼类为食。

到目前为止，蓝鲸是地球上最大的哺乳动物。在20世纪初，全世界大约有二十万头蓝鲸，但经过人类一百多年的捕杀，蓝鲸的数量逐渐减少，现在只剩下十二万头左右。蓝鲸巨大的嘴里有几百条鲸须，这些鲸须从上颌垂下来，它们喝进水，然后闭上嘴，这些鲸须便能够将水中的鱼虾及其他小动物过滤出来。

世界上唯一有长牙的鲸便是雄性独角鲸。这根长牙是一颗变异的牙，从上颌伸出来足足有三米长。长牙不仅可以用来捕食猎物，还可以作为有力的战斗武器，抗击外来侵略者。个别雌鲸也有长牙，但长度一般不超过一米，而且极为罕见。

虎鲸素有"杀人鲸""刽子鲸"之称，它们的性情凶狠残暴，是一种大型齿鲸。它

白鲸

的嘴很大，上下颌各长着二十多颗坚硬锐利的牙齿，一副凶神恶煞的样子。虎鲸是地球上分布最广的哺乳动物之一。

白鲸生活在北方的寒冷水域，以甲壳动物和鱼类为食。它们大部分时间在海面或者浅海中活动，喜欢群居。白鲸有时依靠回声定位来捕食，有时则依靠视力。它是一种体形"娇小"的鲸，也是世界上唯一一种乳白色的鲸。

虎鲸

海豚

全世界共有三十多种海豚，而且分布较为广泛，从温暖的赤道海域到寒冷的北极海域，都能听到海豚欢快的叫声。海豚和鲸归属同一个大家族。海豚的大脑结构复杂，其智力远远超过除人以外的其他哺乳动物。它们十分聪明伶俐，学习能力很强，对落海的弱小动物和人类常常积极地给予救助。因此，海豚是一种非常惹人喜爱的动物。

海豚

海豚的视力极差，那么它是怎样寻找食物的呢？又是怎样识别方向的呢？经研究发现，在浑浊和黑暗的水下，海豚靠回声定位系统寻找食物、躲避障碍并与同伴交流沟通。它们的前额可发射超声波，返回的声波则被长在下颚骨里的感受器接收。

海豚也有自己独特的语言，人们在海面上常常能听到海豚各种响亮的叫声，那是它们在向同伴发出信号。海豚的叫声各不相同，含义也有所不同，有的是在向同伴作自我介绍，有的是在告知同伴发现食物了，有的则是在向同伴求救……可见动物的语言也是丰富多彩的。

海豚还是一种会变色的哺乳动物。海豚宝宝的肤色是深灰色的，长大成年后，全身则变成粉红色。冬天天气寒冷的时候，它们会"冻"得浑身发白，而夏天则"热"得全身通红。随着海豚年龄的增大，它们体表的颜色也会变得越来越白。

海豚妈妈要怀胎一年，才能生下海豚宝宝。小海豚出生时先伸出小小的尾巴，最后才探出头来，这样是为了避免被海水呛到。接着海豚妈妈会马上帮助它的小宝宝们游上水面，呼吸第一口空气。

在海豚妈妈分娩前，海豚们先将"产妇"围起来。因为海豚妈妈分娩时会流出大量的血，引来凶狠的鲨鱼，这是十分危险的。当鲨鱼出现时，一对雄海豚会同时出击，一个用尖嘴巴猛刺鲨腹，另一个则以锐利的牙齿来咬断鲨鱼的咽喉，同心协力将鲨鱼致于死地，以保障"产妇"的安全。

刚出生的小海豚，牙齿中间是空的，直到成年后才变成实心的。海豚的牙齿是从里往外一层层生长的，犹如树木的年轮。按照海豚牙齿的年轮计算，海豚的平均寿命为二十多岁，最长的可活到40岁。

海豹

海豹的身体呈流线型，皮毛稠密，且很光滑。它们的耳朵极小，只是两个小洞而已。虽然在陆地上海豹的行动迟缓而笨拙，但它们在水中可是潜水的行家，海豹在水下最长可以待70分钟，只有在繁殖

威德尔海豹   髭海豹

期和休息时，才会回到陆地或浮冰上来。寒冷的海洋是海豹主要的栖息地，而南极则是它们规模最大的宿营地。

雄性象海豹性情凶猛，而它们的"妻子"则性情温和。如果雌性象海豹有出轨行为，一旦被"丈夫"发现，就会受到最严厉的惩罚。雌性象海豹怀孕后会拒绝再次交配，这时雄性象海豹便会暴跳如雷，甚至大打出手。可见，雄性象海豹是动物界中最暴虐的"丈夫"。

海豹妈妈的乳汁是最有营养的。奶水中脂肪含量极高，可达到40%～50%，比牛奶的脂肪含量高出 10 倍～15 倍，其他营养成分也比牛奶要高得多。吃了这样优质的奶水，海豹幼崽便能膘肥体壮、更加健康地成长了。

海豹在繁殖期群居在一起，一雄一雌相伴在小块浮冰上，组成临时家庭。等到宝宝出世后一个月，即哺乳期过后，小海豹就必须离开父母独自出去猎食了，而它们的父母也会分道扬镳，各自去寻找新的伴侣。

性格暴虐的雄性海豹

海中强盗

豹形海豹性情极其凶猛，被称为"海中的强盗"。它们的游泳速度极快，牙齿锋利，嗅觉灵敏，全身长有黑色的花斑，与金钱豹的皮毛图案极其相似。它们经常会出其不意地袭击企鹅群，甚至连其他小一点的锯齿海豹也不放过。

威德尔海豹是著名的"打孔专家"。它们最长的潜水时间可达 70 分钟，但它们要不断地浮出水面呼吸空气。当海面封冻时，它们会从水下啃出一个冰洞，为了防止洞口再次结冰堵塞，这些勤劳的威德尔海豹每隔一段时间就会再啃一次。

你知道威德尔海豹的深潜之谜吗？威德尔海豹的大脑小得可怜，不到自身体重的 1‰；大脑耗氧量在 70 分钟内只占全身耗氧量的 3%~4%。同时，它们的心脏在深水下跳动很缓慢，这也能减少它们的耗氧量，这就使威德尔海豹能够潜到海面以下六百多米深的地方。

成年雄性冠海豹的最大特征就是有比头还大的膨胀球形鼻腔。小冠海豹出生后，冠海豹妈妈仅用四天时间来哺育宝宝。在这四天里，冠海豹妈妈会不停地给宝宝们喂奶，小冠海豹的体重会迅速增加 2 倍，而妈妈则会很快消瘦下去。真是一位伟大的母亲！

海豹在水下可以随意地快速游泳或摆出优美的姿势，并能迅速地改变游动的方向，这一切都要归功于它们光滑的纺锤形身体，这也使它们赢得了"游泳专家"的美誉。同时海豹还是优秀的潜水员，它们依靠屏住呼吸和减慢心跳的方式来节省氧气。

海狮

海狮颈部有较长的鬃毛，样子非常像雄狮，而且吼声震天。它们

的四肢都呈较长的鳍状，很适于在水中游泳。海狮的后肢能向前弯曲，这使它们能够在陆地上更加灵活地行走。海狮生活在南极的海岛边，以磷虾为食。

繁殖季节到来时，雄海狮便在海滩上焦急地等待雌海狮的到来。雌海狮到来后，它们便含情脉脉地长时间对视，然后用脖子亲密地互相缠绕，并不时地接吻。经过缠绵的求爱后，它们便步入了圣洁的婚姻殿堂。

海狮的前肢强壮有力，可以把身体前部支撑起来；后肢则起到脚的作用，通过不断拍打地面推动身体前行，甚至有时还可以看到海狮奋力挥动后肢在陆地上疾行。

在陆地上我们可以很容易将海狮和海豹区别出来。在陆地上，海狮的后肢能够向前翻，可以用来行走。而海豹的后肢太短，根本派不上用场。此外，海狮有外耳，而海豹则没有。

海狮中最大的一种要属北海狮了。成年的雄性北海狮体长最长可达到3.3米，体重为一千千克左右。海狮喜欢群居，它们在岸上组成上千只的庞大群体，但在海上却是只有一只或十几只的小群体。有时，我们也称北海狮为海驴。

母海狮出外捕猎，便将小海狮留在拥挤的海狮群里。待捕食归来后，母海狮便用喇叭一样的吼声呼唤海狮宝宝们，它们的孩子听到后，便会马上低声回应。母海狮找到孩子后，会闻闻它们身上的味道，以确保没有认错孩子。

海象

海象的身体庞大，厚厚的皮肤上长有稀疏而坚硬的毛发。它们的眼睛很小，视力也很差，但是却长有一对长长的獠牙。海象走起路来，主要依靠后鳍。鳍从前往后摆动，并用长长的獠牙刺入冰中向前拉动身体。海象主要生活在北极  的海边，有时也到太平洋和大西洋作短途旅行。

海象拥有一件变色的外套，它在冰冷的海水中浸泡后，由于皮肤的血液循环下降，身体的颜色会变成灰白色；在陆地上，它们的血管会迅速膨胀，呈现出棕红的体色。

天气寒冷时，聪明的海象便爬到浮冰或者岸上晒太阳，夏季天气炎热时，它就在水中泡着。有的时候它们不是待在水里，而是趴在沙滩上，用鼻子不断地将湿湿的沙土拨在身上，以达到降温的目的。这便是海象保暖与避暑的方法。

海象妈妈怀胎一年才可以生下宝宝。初生的小海象穿着棕色的绒毛外衣，以抵御严寒。细心的海象妈妈会用前肢抱着宝宝哺乳，有时会驮着小海象出去玩耍。小海象要和妈妈待上三四年才能自己外出谋生。它们拥有一个幸福快乐的童年，这是其他动物所比不了的。

海象长得丑陋滑稽，像马戏团的小丑。它们的皮肤像老橡树皮一样粗糙，四肢短小，獠牙倒是特大号的，红红的小眼睛昏聩无神，一副懒洋洋的样子，令人忍俊不禁。

海马和海龙

海马游泳的姿势是直立的，并能够长时间地保持静止不动的状态。海马用尾巴固定身体，安全地隐藏在水草或珊瑚丛中。它们的双眼可以同时注视不同的方向，一只搜寻食物，而另一只眼睛则注意敌人的动向。

海龙和海马同属鱼类，海龙和海马一样靠背鳍游动前进。海龙身体表面包裹着一层甲骨，这起到了十分重要的保护作用。

在繁殖期，雌海马、海龙会用一根长长的产卵管把卵产在雄海马、海龙腹部的育儿囊里，然后由"爸爸"进行孵化，大概要经过 2~6 个星期，多达 200 颗的卵便孵化成小海马、小海龙。

刚诞生的小海马身长不过 6 毫米，它们在"爸爸"的育儿囊里到处钻动。

此时，雄海马的身体会不停地弯曲伸展，好像是在忍受着"生产"时的煎熬。当育儿囊的开口处扩大时，一只小海马便从开口处挤了出来。一会儿的工夫，许多小海马便三五成群地生出来了。当它们遇到敌害时，便会惊慌失措

地钻进海马爸爸的育儿囊里躲藏，"父亲"成了它们的"保护伞"。

身体细长的海龙，有一节节绿褐色的条纹，它们通常藏在十分隐蔽的海藻丛中，以直立的姿势游泳，这点和海马一样，看上去像是海藻的茎干。奇特的外形是海龙最佳的伪装。

鲨鱼

无论是热带、亚热带海洋，还是温带、寒带水域都有鲨鱼的踪迹。鲨鱼属于软骨鱼类，全世界大约有八百多种，生活在我国海洋里的鲨鱼有一百九十多种。鲸鲨的体重可达 80 吨，体长 25 米，是鲨鱼中个头儿最大的。其实，鲨鱼并不都是那么大，有一种叫作橙黄鲨的鲨鱼，只有 35 厘米长，比起鲸鲨来，它真是"小巫见大巫"了。

海洋之旅
其他海洋动物

在海洋这片美丽而神秘的世界中，不仅有婀娜多姿的鱼类，形态各异的哺乳动物，多彩绚丽的海洋植物，还生活这各式各样、千奇百怪的其他动物。比如古老的原生动物、五颜六色的海绵动物、活泼可爱的棘皮动物……

海洋原生动物

原生动物是海洋中最低等的一类动物，它们仅由一个细胞组成，然而这个唯一的细胞却是一个完整的有机体，它具备了一个动物个体所应有的基本生活机能。科学家在分类的时候把它们归为一个门，即原生动物门。主要分为鞭毛纲、纤毛纲、孢子纲和肉足纲，种类有 6 万~7 万种。其中一半为海洋原生动物，它们从赤

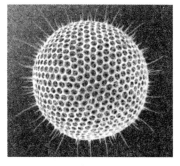

放射虫

道至两极都有分布，其中最具代表性的是有孔虫和放射虫。

放射虫属于肉足纲，在海洋中已经生活了五亿多年，几乎在各个地质时期的沉积岩中都能找到放射虫的化石。放射虫种类繁多，因身体呈辐射状而得名。

有孔虫也是一种非常古老的生物，它们大多数都有矿物质形成的硬壳，壳壁上还有许多小孔，身体由一团细胞质构成，细胞质分化为两层，外层薄而透明，叫作外质；内层颜色较深，叫作内质。外质围绕着硬壳并且在小孔内伸出许多根状或丝状的伪足，这些伪足的主要功能是运动、取食、消化食物和清除废物等。

海洋海绵动物

海绵动物是海洋中最原始、最低等的多细胞动物，早在寒武纪以前它们就已经出现并且至今仍生存繁衍着。海绵动物构造很简单，无口、无消化腔、无行动器官，它们是由单细胞动物演化而来的，是单细胞动物向多细胞动物过渡的类群，展示了动物从低级向高级发展的过程。

海绵动物有单体的，也有群体的，外形多种多样，其中单体海绵有高脚杯形、瓶形、球形和圆柱形等不同形状。它们的体壁有许多孔，水道在孔内贯穿，体内有一个中央腔，其上端开口形成整个个体的出水孔。骨骼分为两类，一类是针状、刺状的钙质或硅质小骨骼，称为骨针；另一类是有机质成分的丝状骨骼，称为骨丝。

海绵动物五颜六色，各具形态。有扁管状的白枝海绵，有圆筒形的古杯海绵，有形象逼真的枇杷海绵，也有被称为"维纳斯花篮"的偕老同穴海绵等。

海洋节肢动物

节肢动物的种类繁多，在目前已知的一百多万种动物中，它就占了85%左右，分为四个亚门。它们身体两侧对称，有发达的头部和坚硬的外骨骼，身体分节明显，由头、胸、腹三部分组成，每一体节上有一对分节的附肢，故名节肢动物。

海洋中的节肢动物分为肢口纲、海蜘蛛纲、昆虫纲和甲壳纲四大类。其中最重要的是甲壳纲，它又分为头虾亚纲、鳃足亚纲、桨足亚纲、微虾亚纲、颚足亚纲、介形亚纲和软甲亚纲。

海洋棘皮动物

棘皮动物都属于海洋动物，分为海百合纲、海参纲、海星纲、海胆纲和蛇尾纲，共六千四百多种。

棘皮动物的外观差异很大，有星状、球状、圆筒状和花状等，以海星、海胆、海参和海百合为典型代表。

有趣的是，棘皮动物的最大特色是身体呈五辐对称，即通过口面至反口面的中轴，将身体做五次不同的切割，被分割出来的两部分基本对称。然而，棘皮动物的幼虫却是两侧对称的，这也是其他动物所不具备的。海参长着一种特殊的防御器官——居维氏器。它是由许多盲管构成的，里面含有毒液。当海参遇到危险时，居维氏器就从肛门排出，用来缠绕和毒杀敌人。一旦抵挡不住了，海参竟能把五脏六腑也从肛门中喷出，只留下空躯壳便逃之夭夭了。经过几个星期后，海参还能再生出新的内脏。有的海参即使身体断成数节也不致丧命。

无论在深海、浅海，都可以找到海胆的踪迹，它们算是海里十分古老的"居民"了。海胆是杂食性动物，它们既吃藻类，也吃鱼虾。海胆的硬刺里藏有毒汁。在印度，人们对海胆十分崇敬，把它们当作"护雷神"进行供奉。

调皮可爱的小丑鱼在充满毒刺的海葵触手丛中穿梭来往，却能安然无恙，这是为什么呢？原来小丑鱼和海葵一直维持着共生关系，它们的关系极为密切，真可谓是同甘苦、共患难！小丑鱼可以受到海葵毒刺的保护而保证自身不受侵害，同时，它们又会赶走一些吃海葵的鱼类，而小丑鱼也可以分享海葵吃剩下的东西。它们配合默契，使双方在很多方面都获得利益。此外，小丑鱼鲜艳的色彩还可以引诱各种

饥饿的动物前来"自投罗网"，让海葵捕杀来犯者为食。所以人们又把小丑鱼叫作海葵鱼。

许许多多寄居蟹经常会在海岸的潮间出没。这些蟹寄居在芋螺的壳内，伸出四对长长的步足来爬行，虽然壳很厚

重，但它行动起来可是不会落后的。

寄居蟹只能寄生在螺类死后留下的空壳里。随着身体的不断成长，它们便会换一个较大的壳继续生活。

海星的形状十分奇特，它并不是左右对称，而是由几根臂足构成，从身体中心向外呈放射状延伸。这种体形没有前后之分，它每次移动时，任何一根臂足都可以充当前进的先锋，带领其他臂足朝同一方向前进。海星一般有5个腕，而且颜色并不相同，看上去就像海底的"星星"一样漂亮。海星的腕用途非常广，它们不但可以代替足来引路，还可以用末端的触手观察、感觉周围的环境。一旦它不小心仰天翻转，腕反过来又能扭转着地，把它的身体翻转回来。海星大多是肉食动物。它们常以腕紧紧捉住捕获物，当它在捕捉帘蛤时，能够产生1350克的拉力，从而使猎物的闭壳逐渐松弛下来，壳口张开，海星随即翻出贲门胃，包住蛤肉，美美地饱餐一顿。

海洋原索动物

原索动物是无脊椎动物进化到脊椎动物的过渡型。

原索动物分半索动物、脊索动物和头索动物。半索动物只有五十种左右，它的代表物种是柱头虫。脊索动物是动物界中最高等的一门，它们形态

结构复杂，数量庞大，有七万种之多，分为尾索动物、头索动物和脊椎动物三个亚门，其中海鞘是尾索动物的代表，文昌鱼是典型而古老的头索动物。尾索动物和头索动物是脊索动物中最原始的类群，是原索动物的主要组成部分。

神秘海洋之旅
SHENMI HAIYANG ZHI LÜ

海洋之谜

海洋之旅
古地中海之谜

大约一百年以前，德国地质学家诺伊玛尔根据中生代海的形成层次的分布及其化石推测，在现在的印度半岛和中美洲之间，曾存在过一个"中央地中海"。这种推测曾得到了许多地理学家的赞同，但也有一些人反对这种说法。

诺伊玛尔根据推测绘制了地图，按照他绘制的古地图，中央地中海的南侧为巴西、埃塞俄比亚大陆，以及由此分出的印度半岛和马达加斯加岛；北侧是包括北美、格陵兰在内的尼亚库蒂克大陆和斯堪的纳维亚及丘朗的岛屿；东侧为被太平洋隔着的印度支那和澳大利亚。

诺伊玛尔的岳父——奥地利著名的学者修斯也赞同这个观点，他提出了这个地中海东边还经过云南、苏门答腊而延长到帝汶岛的观点。修斯把这个海取名为特提斯海，并将北侧大陆命名为安哥拉古陆，南侧则为冈瓦纳大陆。特提斯是出自希腊神话中的海神俄刻阿诺斯的妻子之名。修斯认为：特提斯海从古生代末二叠纪（距今 2.85 亿年—2.3 亿年）开始形成，中生代继续存在，到新生代第三纪（距今 6700 万年—250 万年）因阿尔卑斯造山运动陆地化。如今的地中海，仅仅是古地中海的残余部分。

之后，随着地理学的发展，大陆漂移学说的创立者魏格纳认为：

古地中海是一个横穿联合古陆东西的浅海。

19世纪50年代，古地磁学的发展让大陆漂移学说得到了新生，关于大陆分裂漂移前的古地理的学说也很多。一般认为：古地中海是包围联合古陆的超大洋——泛大洋，从古太平洋方向，以楔形插入联合古陆的海洋。

联合古陆是在石炭纪（距今3.5亿年—2.85亿年）后期，即大约在赫尔西尼亚造山期，由欧亚大陆和冈瓦纳大陆合成一体形成的，好像是在泥盆纪（距今4亿年—3.5亿年）至石炭纪时两者分开而成了宽阔的海洋。其形状、方向接近修斯所认为的形象。

也有很多学者把在石炭纪以前的地中海叫"古地中海"。不过，它与本来定义的从二叠纪至中生代的古地中海是不一样的。1977年，有个叫阿宾杰的学者称它为"赫尔西尼亚海"。关于古地中海的论说虽然并未证实，但却引来了许多地质学家对此进行研究。相信在不久的将来，科学家们一定会给我们一个准确的答案。

海洋之旅
海洋中的神秘地带

　　海洋是那样神秘，充满了无数危险，海难更是经常发生，尤其是在布满暗礁的浅海中。但除了这种危险的浅海区域之外，海洋中还有许多神秘的地带，船只一旦进入这些海域就会神秘失踪。百慕大就是一个令船员闻之色变的"魔鬼海域"。

　　百慕大并不是唯一的海洋神秘地带，据资料显示，这样的"神秘地区"至少有7个，它们分别为百慕大三角区、日本海域三角区、大西洋岛附近海域、太平洋夏威夷至美国大陆间的海域、葡萄牙沿海和非洲东南部海域，以及哈特勒斯角。

　　至于到底是什么力量使得这些三角区如此神秘，迄今为止仍是一个谜。飞机、船只的失踪事件在接连不断地发生着。日本海域三角区在日本本州的南部和夏威夷之间，日本人把它称为"魔鬼海"。这个魔鬼海三角区，是从日本千叶县南端的野岛崎及向东一千余千米再与南部关岛的三点连线之间的区域，在这里，很多船舶和飞机也是突然

消失得无影无踪。最奇怪的事发生在 1976 年 1 月 16 日，一艘载有 220 吨矿石的挪威运输船"贝尔基·伊斯特拉"号在风平浪静的情况下，莫名其妙地在这里失踪，且不留一丝痕迹。另外一些失踪船只的记录也表明它们的消失都非常奇怪：没有船只的痕迹，更不见失踪船员的尸体，仿佛它们都被大海吸进去了一样；而其他一些舰船、飞机的失踪也是在罗盘、仪表莫名其妙地失灵后，就再也没有消息。因此人们也把该海域叫作魔鬼三角区，日本人甚至叫它"天龙三角区"。天龙为西方神话传说里的形象，是个长着翅膀和利爪、口中吐火的巨大怪兽，象征着暴力和邪恶，由此可见人们对这一海域的恐惧。对此现象人们也有许多猜测：有人猜测是因为此海域洋流极其复杂，给驾驶带来了困难，而使船只、飞机失事；也有人猜测海底一定有巨大的磁铁矿，所以罗盘飞快地旋转而找不到方位，但这并没有可靠的证据。总的来看，此地船只失踪事件多发生在冬季，而每年冬季这里的水温和气温相差 20℃，因此海上常产生上升的强气流，从而激起海面上的三角波。据说，此海域可能有高达二十多米的巨浪，这对船只来说是非常大的威胁。1980 年 12 月底，一艘从美国洛杉矶起航至我国青岛的货船，在野岛崎以东 1220 千米处，即进入了日本魔鬼海域时，突然发出了"SOS"救援信号。不久，这艘挂着南斯拉夫旗帜，载重 14712 吨，有船员 35 人的"多瑙河"号货船便神秘消失了。而在与这艘货船失踪时间相隔不到 9 个小时，另一艘巨轮也在日本魔鬼海宣

告失踪，这艘从智利驶往日本名古屋的利比亚货船于野岛崎以南570千米处消失。在以上两艘货船分别失踪的5天和6天之后，即1981年1月初，有一艘希腊货轮也在野岛崎以东大约一千三百千米处，连续发出呼救后，莫名其妙地失踪了，船上的35名船员无一生还。

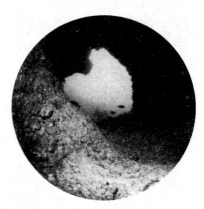

同样奇怪的是：失事后对该海域进行搜索的飞机和舰船均找不到任何失踪船只。

被陆地环绕的地中海，一直被人们视为风平浪静的内海，谁知在这里居然也有个魔鬼三角区。它位于意大利本土的南端与西西里岛和科西嘉岛三座岛屿之间，这里叫泰伦尼亚海。

在这个三角区域里，曾有几十艘船只和飞机被不明不白地吞没：1980年6月某日上午8时，一架意大利班机准时从布朗起飞，目的地是西西里岛的巴拉莫城，航程所需时间预计为1小时45分钟。但当它飞行了37分钟时，机长向塔台报告自己的位置是在庞沙岛上空之后就再也没有消息了。飞机失踪的原因无人知道，而机上的81名乘客和机组人员更无一人生还。

在风平浪静的海上，一些船只会突然失踪，而且失踪事件还非常古怪。最近一次的失踪事件颇为蹊跷：两艘渔船在相互看得见的海上捕鱼，地点在庞沙岛西南偏西大约四十六海里处，一艘名叫"沙娜"号的渔船上有8名船员在紧张作业；而另一艘名叫"加萨奥比亚"号的渔船则有11名船员，当时两艘渔船不仅能通话联系，且能看到对方船上的灯光。但黎明来临时，"加萨奥比亚"号却发现"沙娜"号不见了。起初他们以为它开走了，但这里的鱼如此之多，尚未作业完毕的"沙娜"号为什么要开走？为此，"加萨奥比亚"号船长向基地作了报告。三小时后，一架意大利海岸巡逻直升机飞到了这一海域，令人惊奇的是：这时不仅看不见"沙娜"号，就连不久前刚刚汇报"沙娜"号失踪的"加萨奥比亚"号也不见了，直升机仔细搜索了每一片海域，但始终未发现任何踪迹。

海洋之旅

纳米比亚鱼类集体"自杀"之谜

海洋环境的破坏随着人类工农业的发展已越来越严重，海洋环境的恶化，使海洋生物正遭受灭顶之灾。许多鱼类为了逃离恶劣的海洋环境，便会冲出海洋，冲上海岸，造成鱼类集体"自杀"的现象，这就是纳米比亚海岸所发生的惨剧。

在非洲南部纳米比亚的沿海地区，人们有时会看到一种奇特的景观：无数条海鱼突然纷纷跳到岸上，集体"自杀"。这种悲剧性的场面每隔几年就要上演一次，上百万条海鱼争先恐后地跳到岸上，堆出高达半米、长达好几千米的鱼墙，蔚为壮观。

纳米比亚海域是世界上四个最重要的幼鱼产地之一。这种鱼类集体"自杀"的现象主要发生在夏季。而此时正是北半球的冬季，北半球的鱼类会有一部分迁徙到纳米比亚海域来产卵，因此，"自杀事件"严重威胁着沙丁鱼、无须鳕鱼、鲭鱼等海鱼的繁殖。此时，纳米比亚沿海还是海豹的重要栖息地，鱼类的大量死亡也严重影响到海豹的生存。纳米比亚的沿海地区盛产鲱鱼、沙丁鱼、鲭鱼、鳕鱼、龙虾、蟹等，其中98%的鱼产品供出口。虽然纳米比亚政府确定了200海里的专属经济区，并且实行渔业许可证制度，严格控制捕鱼数额。然而，近三十年来，

鱼群自杀

纳米比亚的捕鱼量还是大幅度减少，这主要是由于鱼类集体"自杀"引起的。

鱼类集体"自杀"这个现象曾一度使鱼类学家们感到困惑。按理说，非洲不发达的工业不会造成太大污染，这些鱼类不应该因污染而"自杀"。最近，科学家们终于揭开了这个谜底：纳米比亚海域充满了致命的毒气——硫化氢，这里生活的鱼类因受不了毒气的熏染，便纷纷跳出水面"自杀"。

纳米比亚的海水中分布着大大小小的毒气团，它们是由溶解在水中的硫化氢构成的，大约有一百五十千米长，几十千米宽的海域内遍布着毒气。海中的鱼类，宁

海豚在浅滩搁浅死亡

愿上岸自尽，也不愿意在毒气中身亡。在离岸较远的海域，成年鱼类往往还有机会逃脱，但是它们所产的卵和那些小鱼却难于幸免。

那么，这一海域为什么会有大量的硫化氢呢？科学家们最近观察了一团约有几十米厚的毒气，发现它是由浮游在水中的产硫细菌组成的，而硫化氢就是这类产硫细菌的代谢产物。一般来说，硫化氢是处在海底，而不会浮于水中的，因为有另外一种硫化细菌存在，它们以海底沉积层中有机物腐烂时生成的硫化氢为养料，并且在纳米比亚海域的海底构成一片片几厘米厚的垫子。这些硫化细菌垫子的作用如同一个硫化氢转换器的开关，为了降解产硫细菌产生的硫化氢，它们需要硝酸盐；假如硫化细菌垫子周围的海水中不再含有硝酸盐，它们就会让那些有毒性的硫化氢气体穿过。随后，这些硫化氢聚集在垫子的上方，形成几米厚的气层。

一旦这些大型硫化细菌出现异常，就会有整块整块的沉积层剥裂，并浮向海水表面。大约每隔50年，人们就会在纳米比亚海域看到这些类似于浮冰一样的东西在海上漂游。这些漂浮的沉积层会携带着一团硫化氢毒气前进，所到之处海洋生物无一幸免，因此它们又被研究人员称作"魔鬼浮块"。

以上的考察结果将会给渔业政策以重要的启示：假如科学家们可以准确预告毒气团出现的时间，那人们还可以在此之前大规模地捕鱼，因为这些鱼终将是死路一条。当毒气团现象过去之后，又可以颁布保护措施，使得被削弱的鱼群数量得以恢复。

海洋之旅
淹没的城市去了哪里

人们相信，在海底深处曾有一些远古的王国，这些王国原本是在陆地上存在的，但不知什么的原因，它们逐渐被海水淹没了。那些城市被海水淹没以后去了哪里呢？人们一直在寻找它们的踪迹，但直到现在也无人知晓，因此，许多人怀疑海底古城曾经存在的真实性。

　　虽然毫无事实上的证据，但许多的英国人都相信：在英国四周的海域里，曾有三个繁荣的古王国被海水淹没了。

　　第一个被海水淹没的王国叫蒂诺·哈利哥。据说此王国位于英国圭内斯北部不远的地方，即今天的康韦湾海域。人们传说它很可能是在公元 6 世纪之前被海水吞没的，而吞没的原因是由于统治者的罪行所致。传说译本记载说：这个国王犯了大罪，结果有一天，海面掀起巨浪，很快淹没了这个离海岸很近的王国。几乎所有人都被淹死了，只有国王和他的儿子得到上帝的宽恕，免于一死。

　　第二个"消失"于海水中的王国位于英国的卡迪根湾。几个世纪以来，威尔士海沿岸的居民坚持认为：在落潮时，可以看见海面下有

一座古代王宫废墟。但是，1939 年有关部门对这一海域进行调查的结果发现：方圆两万平方米的海底，不是人工所造，而是一片天然礁石群，它被淹没的确切时间是铁器时代。

　　第三个被海水淹没的城市位于一个叫地角的地方，大约

101

在地角西约八千米处，有一个叫"七块石"的地方，它一向被康沃尔郡的渔民称为"城镇"。这也是历史上昌盛的里昂纳斯王国首都的遗址。很久以前，锡利岛至康沃尔郡这一带是连成一体的，在这片陆地上建有大大小小的村落，约有一百多座教堂，经济文化十分繁荣。后来，大约在公元5世纪，海水侵入了里昂纳斯，大片的村落和教堂被淹没。当时，一个叫特里维廉的人，可能事先有预见，举家迁到康沃尔郡，成为这里的第一批定居者。16世纪时，当地的渔民用网捞起了据说是里昂纳斯人用过的生活用品，于是有更多的人相信这个王国的存在。

汹涌的海水向城市逼近

这三个传说流传很广，是否真有其事，我们尚不清楚，但可以肯定的一点是：这三个地区，确有部分海面原先是陆地，而且，在锡利群岛和古岛之间被海水淹没的浅滩上，还有康沃尔和威尔士的海底，都曾发现过人类居住的遗迹。人们推断：在这片遗址上居住的先民们，的确由于某种现在无法知道的原因，因居住地被海水淹没而不得不迁移到其他地方。所以，这些传说也不完全是捕风捉影的。

海洋之旅
神秘的海山

海山是海底升起的孤立的火山，就像陆地上高出周围平地的单个火山。虽然海山在地质上相互独立，但它们也有可能会形成山脉。海山有的是平顶的，因此有人叫它海底平顶山；还有的海山顶部相对较陡。其实海山对海洋有非常重要的作用。

来自海山的新发现

海底存在着几万座"海山"，这种"海山"位于深海底部，一般高出周围海底约一千米。科学家们对海山的探测从近几年才开始，在水下的每一处山峰都有新发现。

科学家们在多座海山中发现约一千个物种，其中有1/3是新物种，这些物种都是深海中的独有物种，令人惊异。如长足海蜘蛛，在海底巨大压力的环境中，经过漫长的进化，腹部变得很小，其中性腺和大部分肠子分布在足内。科学家还发现了海百合，海百合喜欢在珊瑚边生活，它们一边爬行一边伸出羽状臂捕捉食物，这些美丽的海百合是海星的近亲。

美国最大的海山之一——戴维森海山位于距离海面1200米的地方，在美国加利福尼亚州海岸线附近，科学家们同样也在这座海山的

周围发现了新物种。最近在这里还发现了一些罕见的动物。

戴维森海山远离海岸又深藏海底，它是海洋生物难得的避难场所。2℃的冰冷水温也使科研人员很少潜入这里。科学考察人员慢慢潜入海底 1854 米处，他们的无人潜水艇拍摄到了这个海底世外桃源的新景象：火山熔岩的表面坚固多岩石，在海山附近还生活着几米高的罕见而美丽的深海珊瑚。研究人员还发现了一种捕蝇海葵，它是世界上已知的最漂亮、最迷人的海葵，长得有些像捕蝇草；他们还发现了蟾蜍鱼，这种鱼身上布满了蟾蜍一样的疙瘩，上面还长满了尖刺，样子非常恐怖；科学家们还在一片珊瑚礁下发现了一条鳗鱼，样子像传说中的巫师，人们将其命名为巫师鳗鱼；科考队员们甚至还发现了一只正在蜕壳的海蜘蛛……

戴维森海山形成的原因和过程，成为地质学家们关心的问题。虽然地质学家已经估计出了戴维森海山大约形成于 1200 万年前，但他们希望能更确切地追溯海山形成的年代和海底火山喷发的时间。专家们希望借助这些海底古生物能为他们解开这些谜团。

海洋之旅

神秘的 "美人鱼"

古代文献中有许多关于人鱼的记载，而最为著名的就是安徒生童话里的那个小美人鱼。据记载，人鱼多是上半身为美丽女子的身体，长发飘飘非常美丽，但其下身却是长满鳞片的鱼尾。有民间传说人鱼是对出海人的诅咒，她们用美丽的歌声来引诱水手。那么，海洋中真的有"美人鱼"吗？

"人鱼"生物研究家普利尼先生在其《自然历史》中写道："至于美人鱼，也叫尼厄丽德，这并非信口雌黄……她们是真实的，她们的身体粗糙、遍体有鳞。"

科学家们欲找寻到揭开谜团的钥匙，机会来了……一个3000年前的美人鱼的木乃伊被发现了。一队建筑工人在索契城外的黑海岸边附近一个放置宝物的坟墓里，发现了这一古尸。这个消息是由俄罗斯考古学家耶里米亚博士透露的。这具木乃伊看起来像一个美丽的黑皮

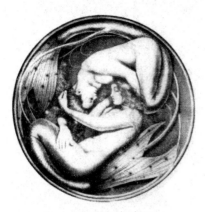

人鱼纪念币

肤公主，下身是一条鱼尾。美人鱼公主从头顶到带鳞的尾巴，全长173厘米。死时美人鱼大概已有100岁了。

新加坡《联合日报》提供的《南斯拉夫海岸发现1.2万年前美人鱼化石》的报道称：科学家最近发掘到世界首具完整的美人鱼化石，证实了这种神奇的生物的确存在过。化石保存得很完整，能够清楚看到这种生物有锋利的牙齿和强壮的双颌。奥干尼博士是一名来自美国加州的考古学家，在美人鱼出现的海域工作了四年。奥干尼博士说："她在一次'旅行'中被突发的海底滑坡埋在了泥石中，然后被周围的石灰石保护，慢慢成为化石。化石显示：美人鱼高160厘米，腰部以上像人类，头部发达，脑容量相当大，有利爪，眼睛和鱼类相似，没有耳。"

半人半鱼的美人鱼

美国一家报纸于1991年报道了这样一件事情——美国两名职业捕鲨高手在加勒比海海域捕到11条鲨鱼，其中有一条虎鲨长183米，当解剖这条大鲨鱼时，人们发现它胃中有一副奇怪的骸骨骨架，骸骨上身1/3像成年人的骨骼，但从骨盆开始却是一条大鱼的骨骼，特别神奇。

渔民们将这副残骸移交给当地警方，验尸官对其进行了检验，检验结果证实这是一种半人半鱼的生物。对于这副奇特的骨骼，警方又请专家进一步研究，并将资料输入电脑，根据骨骼形状绘制出了美人鱼的形状。这项工作的主持者美国埃惠斯度博士说："美人鱼并不是传说或虚构出来的生物，而是世界上确实存在的一种

哥本哈根美人鱼雕像

生物。"

科威特的《火炬报》报道：最近，在红海海岸发现在生物公园中生活着美人鱼。美人鱼的形状上半身如鱼，下半身像女人的形体，跟人一样长着两条腿和十个脚趾，但她已经窒息而亡了。

来自海底的活人鱼

有没有活的美人鱼？1962年，一个神奇的发现使人为之眼前一亮。

英国的《太阳报》报道说：1962年，一艘载有科学家和军事专家的探测船在古巴外海捕获到一个能讲人语的小孩，他皮肤处长有鳞片，有鳃，头似人，尾似鱼。小人鱼称自己来自亚特兰蒂斯市，还告诉研究人员在几百万年前，亚特兰蒂斯大陆横跨非洲和南美洲，后来沉入海底……现在留存下来的人都居于海底，寿命达300岁。小人鱼随即被秘密送往黑海一处研究所，有关美人鱼谜团有待解开。

其他美人鱼

美国国家海洋学会的罗坦博士于1958年在大西洋五千米深的海底拍摄到一些类似人的足迹的照片。1963年，美国海军潜艇在波多黎各东南海底演习时，发现了一条怪船，时速280千米，而美国潜艇却只能望洋兴叹，因为这怪船太快了，他们根本追不上。1968年，美国摄影师穆尼在海底发现了一种奇异的生物，它的脸像猴子，脖子比人的脖子长4倍，眼睛像人眼，但要比其大得多，腿部有推进器。据说，还曾有人在爱沙尼亚的朱明达海滩上发现蛤蟆人，长有鸡胸、扁嘴、圆脑袋……

就这些证据看来，似乎"人鱼"已不再是一种传说了，海底是否还另有一个世界，还有待海洋学家们进一步探索。

海洋之旅
海洋巨蟒之谜

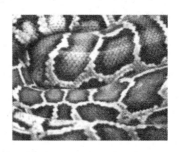

神秘而奇幻的海底世界蕴藏着许多未知的精彩。那里不仅是水生动植物的天堂，同时也是庞大怪兽的生存空间。传说中的海洋巨蟒就生活在这幽深的环境中，而巨蟒的出现更为神奇的海洋蒙上了一层恐怖的面纱。巨蟒究竟是何类动物？它们生存的环境又是什么样的呢？

1851年一天早上，南太平洋马克萨斯群岛正行驶着美国捕鲸船"莫依伽海拉"号。

"天呀，那是什么东西？瞧……"

"不是鲸！是怪物啊！"

瞭望的海员立于桅杆上大声惊呼起来。船长希巴里听到海员的喊声急忙奔上甲板，举起了望远镜："唔，那是海里的怪兽！快抓住它！向它靠拢！"

随后，船上放下三艘小艇，船长亲自乘上小艇，拿着武器，朝怪兽疾驶而去。

这条大洋巨蟒身长足有31米，颈部粗5.7米，身体最粗部分达15米。头呈扁平状，有皱褶。尖尾巴，背部黑色，腹部暗褐色，它像一条巨型游艇一般在水中搅动着。"抓住它！"当小艇摇摇晃晃地靠近巨蟒时，船长声嘶力竭地喊了起来。几艘小艇上的船员一起奋力举矛刺去。刹那间，巨蟒受伤，在大海里翻滚挣扎起来，激起了阵阵冲天巨浪。船员们与巨蟒进行了殊死的搏斗。最后，巨蟒慢慢不动了，

海底世界有无数奇异的鱼类，而巨蟒是否真的生存其中？

而后变得僵硬。

船长把海蟒的头部切下，撒上盐榨油，竟榨出10桶水一样透明的油！但是，这艘捕鲸船在归途中遭遇海难，船员无一生还……

在太平洋、大西洋、印度洋，甚至非洲附近的海上也有巨蟒的踪影。

1817年8月，曾在美国马萨诸塞州格洛斯特港的海面上目击海洋巨蟒的船长回忆说："当时像海洋巨蟒似的家伙正在离港口一百三十米左右的地方游动。这个怪兽长40米，直径约两米左右，它长着三角形的脑袋，在水中嬉戏着，一会儿钻入海底，一会儿又在海面上漂浮……"

木匠玛休·伽夫涅、达尼埃尔·伽夫涅兄弟俩和奥嘎斯金·维巴三人同乘一艘小艇去垂钓时，也遇到了巨蟒。玛休还在距其二十米左右处用步枪瞄准它开了枪。他讲述说："我在距怪兽约二十米左右的地方开了枪。我是瞄准了怪兽的头部开枪的，肯定命中了。怪兽就在我开枪的同时，朝我们这边游来，一靠近就潜下水去，钻过小艇，在30米远的地方重又出现。怪兽不像鱼类往下游，而像一块岩石似地沉下去，它的身体仿佛很重，我的枪可以发射重量子弹，当时清楚地感到射中了目标。可是，海洋巨蟒却好像丝毫未受伤。那简直太令人恐惧了。"

英国巡洋舰"迪达尔斯"号的水兵们于1848年8月6日也目击了海洋巨蟒。他们在从印度返回英国的途中，在非洲南部约五百千米以西的海面上发现了传说中的海洋蟒怪。

"我们是在舰艇的侧面发现巨兽的，它当时正朝我们游过来。"瞭望台上的萨特里斯大声叫了起来。舰长和水兵们急忙奔到甲板上，只见距离军舰200米的地方，一条怪兽昂起头，露出20米长的身体，正朝着西南方向游去。舰长拿出望远镜，紧紧地盯住这条罕见的怪兽。他把这天目睹的一切详细地记载在航海日志上，并带回了英国本土。

类似事件还有：

1875 年，一艘英国货船在洛克海角发现巨蟒。

1877 年，一艘游艇在格洛斯特发现巨蟒，当时它正作回旋游弋。

1905 年，汽船"波罗哈拉"号在巴西海湾航行时，发现巨蟒正与船只并驾齐驱，不一会儿巨蟒便在海中消失了。

1910 年，在洛答里海角，一艘英国拖网船发现巨蟒，它正抬起镰刀状的头部，朝船只袭来，洋面掀起了骇浪。

1936 年，在哥斯达黎加海面上航行的定期班船上，有 8 名旅客和 2 名水手目击到巨蟒。

1948 年，在肖路兹群岛海面上航行的游览船，有四名游客发现了身长三十余米的巨蟒。

摩纳哥国王阿尔倍尔一世为了捕获海洋巨蟒，还建造了一艘特别的探险船。船上装备了直径五厘米、长达数千米的钢缆和能吊起一吨重物体的巨大吊钩，并以 12 头猪作为诱饵，可最终，他的船却无功而返。

巨蟒究竟是何类动物还是一个谜。它是否会像人类发现空棘鱼一样重新被人类认识呢？

1938 年 12 月，有人在非洲南部的东南海域捕获了空棘鱼。当时，世界上没有一个学者相信这一事实。因为空棘鱼在 3 亿年前生活在海中，约一亿年前数量逐渐减少，在 7 千万年前便完全销声匿迹了。1952 年—1955 年，人们在同一海域又捕获 15 条活空棘鱼，如今没有一个学者怀疑空棘鱼的存在。也许人类真正揭开海洋巨蟒之谜已为期不远了。

海洋之旅
神秘的海底 "铁塔"

神秘的海底不仅蕴藏着丰富的矿产资源，还有许多秘密未被人们揭开。虽然人类对海底世界的探索从未止步，但人类对它依然并不十分了解。海底古城是否真实存在过已让人们绞尽脑汁，而海底 "铁塔" 的存在更让人们百思不得其解，它是怎么被安放到海底的呢？

1964 年 8 月 29 日，美国 "爱尔塔宁" 号海洋考察船上的研究人员在海底考察时意外地发现了一座令人惊奇的海底 "铁塔"。

"爱尔塔宁" 号海洋考察船航行到智利的合恩角以西七千四百多千米处停泊，他们在该海域开始考察作业。考察人员计划在这一海域将一台深水摄像机下潜到 4500 米的深处。考察人员把一台特制的水下摄像机安装在一个圆柱形钢制保护壳内，用电缆线将其系在考察船上。后来，考察人员将摄影机拍摄完的胶卷带回了冲洗室。当摄像技

术员在暗室中对当天拍摄的胶片进行显影处理时，一张胶片上出现了一个奇特的东西，它跟其他胶片上拍摄的内容有天壤之别。照片清晰地显示出一个顶端呈针状的水下"铁塔"，从"铁塔"的中部还延伸出四排芯棒，芯棒与垂直的"铁塔"呈精确的90°角，每个芯棒的末端都带有一个白色小球，诸如此类的特征似乎使这个神秘的水下"铁塔"显得很像一部塔式电视发射天线。研究人员进行分析和研究后认为：这座水下"铁塔"是一种智能生物建造的。这座"铁塔"亦并非静止不动，而好像是运动着的。水下摄像机能拍到这一神奇的东西简直太幸运了。

"爱尔塔宁"号驶入新西兰的奥克兰港后，将这张海底神秘"铁塔"照片公布于众。有记者问随船考察的海洋生物学家托马斯·霍普金斯："这是什么东西？"霍普金斯回答说："它当然不是海洋植物！在3500米深的海底根本见不到阳光，这意味着那里不可能有光合作用，更不可能有植物存活，这可能是一种奇特的珊瑚类生物。但我们过去和现在都从未听说过这类生物。人是无法建造这座神秘的海底'铁塔'的，倘若这样，会产生一个无法解释的问题：人是以何种方式到达如此深的海底？从照片上看，这一海底'铁塔'的确不是一种天然形成的东西。"

新西兰UFO研究者们把这张照片的复制品寄给从事月球遥控探测器指令研究的美国著名航天工程师霍尼。霍尼工程师认为：这个神秘的水下"铁塔"是测量地球地震活动的传感器和信息转发器。而它的主人很有可能是来自太空的外星人，他们借助安装在最深洋底的这一地震传感器和转发器能更及时、更精确地将地震信息传送给他们的外星同胞。这其中的谜团真令人捉摸不透。如果霍尼工程师的这一推断正确，便会出现这样一种说法：究竟是谁借助什么技术手段将这个水下"天线"安装在这人迹罕至的深海洋底的呢？他们的目的仅仅是进行科研探测吗？

海洋之旅

海豚救人之谜

海豚是一种很聪明的动物，人类之所以喜欢海豚不仅仅是因为它的聪明，还因为它的"善良"，海豚常常会去救助在水中遇到危险的人。对于海豚的这一"壮举"，科学家们进行了深入的探索，但却众说纷纭，直到现在依然没有找到令人满意的答案。

海豚是已知生物中除了人类之外最聪明的物种，它是人类最可依赖的朋友。美国佛罗里达州一位律师的妻子在1949年的《自然史》杂志上披露了自己在海上的被救经历：她在一个海滨浴场游泳时，突然陷入水下暗流中，一排排汹涌的海浪向她袭来。就在她即将被淹没的一刹那，一只海豚飞快地游来，用它尖尖的喙部猛地推了她一下，接着又是几下，一直将其推至浅水安全区为止。这位女子清醒过来后想找一下自己的"救命恩人"，结果发现海滩上空无一人，只有一只海豚在离岸不远的水中嬉戏，原来是海豚救了她的性命。

海豚为什么要救人？很多科学家对这个问题产生了浓厚的兴趣，科学家们对此反应不一，他们的意见也不相同。

照料天性说

海豚救人的美德，来源于海豚对其子女的"照料天性"。这种本能，是一种非条件性的泅出反射。即每当海豚的头部露出水面时，就

会自动地打开喷水孔，从而完成呼吸动作。海豚喜欢推动海面上的漂浮物体，它常常爱把自己刚出生不久的幼仔托出水面，或者抬起生病或负伤的同伴。海豚的这种"照料天性"不但适用于同类间的互相救助，也适用于其他生物，甚至是无生命的大洋漂浮物。海豚一旦遇上了溺水者，就可能本能地将其当作一个漂浮的物体推到岸边去，人类也因此获救。

见义勇为说

有人认为海豚的智商很高，它的大脑非常发达，正因为如此，几百年来，海豚与人类的许多相似之处，使它们将人类当作了自己的同伴。它们在水中遇到人类时，很可能会认为人类是自己的朋友，因此它们也会有人类见义勇为的潜在本性，所以它们会挽救人类的生命。因此，科学家认为海豚是一种高智商的动物，它的救人"壮举"是一种自觉的行为。因为海豚都是将人推向岸边，而没有推向大海。生物学家英格里德·维塞尔说："当海豚感觉到人类可能处于危险之中时，就会马上行动起来保护他们。海豚有时甚至为了保护人类不惜与鲨鱼角斗。"

玩性大发说

海豚作为水中的精灵，它们最喜爱的就是在水中嬉戏。因此，被它们碰上的东西都成了它们的玩具。海豚为什么会把人推向岸边，而不是将人像玩具那样一直在水中戏弄呢？这与海豚的习性有关。海豚酷爱在深水区和浅水区转换游泳。人在深水区落水，正好碰上一群向浅水区游玩的海豚时，它们就会把人当做玩具将人推到浅水区，或把落水者推到岸边。

另一个疑问又产生了：海豚为什么会保护落水者不受鲨鱼的伤害呢？这是由于鲨鱼的"雷达"嗅觉特别灵敏，落水者落在鲨鱼出没的水域，人体散发的气味很容易引来残忍的鲨鱼。此时一群海豚正好在嬉戏落水者，那么海豚就会认为鲨鱼是来抢夺它们的"玩具"的。于是，海豚与鲨鱼的搏斗在所难免。虽然鲨鱼是海洋中的霸王，但它一般孤立无援，而海豚则是成群结队的，结果自然是鲨鱼被赶跑了。

海洋之旅
恐龙时代的海上霸主

科学家们认为地球约形成于45.5亿年前，而地壳处于稳定的时期则大约是在 39 亿年前。爬行类动物在约 2.5 亿年前就踏上了地球。又过了几百万年，当最早的恐龙开始统治陆地的时候，它们中的一些物种选择了大海作为它们的栖息地。这些动物成了海洋的主宰，它们在海洋中觅食、嬉戏、繁殖、衰亡……

神秘的"鱼龙"骨骼化石

古生物学家伊丽莎白·尼科丝和她的同事在加拿大西部的一条河中发现了一具化石。将这具化石拼凑起来后，他们发现这头巨兽有23米长，5.3 米的鳍……科学家们由此推测，这种动物也许是在我们地球上曾经生活过的最大的鱼类，专家们称其为鱼龙。

在史前的大海里，鱼龙曾称霸近 1.5 亿年。而与此同时，它们的近亲恐龙家族则在陆地上称王称霸。在这段时间里，一些鱼龙一直保留着它们祖先的特性。它们的身体进化得像海豚一样呈流线型，而生活习性类似于哺乳动物。

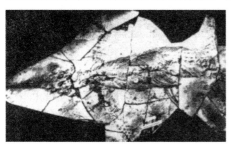

鱼龙化石

从鱼龙身上，科学家知道了这种动物是如何从陆地走向海洋的。它们的腿变得短而扁平，而脚趾则连在了一起，变

成柔软光滑的鳍；它们的皮肤相当光滑，还长出了一个新月形状的尾巴。完成变化后，它们便更能适应水中的生活了，从而迅速成为水中的主宰。

飞跃的蛟龙

今天的海鬣蜥依然离不开陆地，它们必须爬上岸晒太阳以保持体温，维持身体中正常的生物化学活动。但鱼龙却已摆脱了对阳光的依赖，它们体内可以产生一部分热量，其巨大的身躯也有利于维持体温，因此，这部分鱼龙便永远告别

鱼龙流线型身体构造

了陆地，像鱼一样离不开水了。鱼龙身体合乎空气动力学设计原理，它们的身体呈流线型，尾部力量十足，能够为其在水中游动提供强大的动力。在 2002 年春季的《古生物学》杂志上，加拿大生物学家罗斯克·摩他尼发表了他对一种鱼龙的研究结果，他说，这种鱼龙的游弋速度可以达到 1 米/秒，和今天海洋中的蓝鳍金枪鱼和黄鳍金枪鱼不相上下。这样庞大的身躯能够游动得这样快，已实属不易了。

刚进化的鱼龙仍部分保留着蜥蜴的形体，有长尾、柔软的脊，它们游动的速度似乎并不迅速。生物学家理查德·考尔文认为这种鱼龙的波浪似的游动还会影响到它们的呼吸，因为用那种方式高速游动并同时呼吸是很困难的。为了觅食和生存，鱼龙也许会采取跳跃的方式，它们游动时会不时跃出水面，就像今天的海豚一样。鱼龙可借助这种方式在捕食的过程中吸取足够的氧，以完成自己的捕食行为。

鱼龙在大洋中以什么东西为食呢？这引起了科学家们浓厚的兴趣。人们在鱼龙的腹中发现了大量箭石，它们是一种古生物化石，由

鱼龙嘴化石

已经灭绝的、与乌贼有血亲关系的头足纲动物内壳形成。在另一鱼龙化石中，人们找到了一些鱼和海龟的化石，在一只尚未成年的鱼龙嘴里，人们发现了

200 颗牙齿，它们呈圆锥形，每颗牙有四厘米长，如此密集和锋利的牙齿为鱼龙觅食提供了太多的便利。

巨眼的秘密

鱼龙的视力如何也是科学工作者关心的话题。从理论上来讲：鱼龙游得快，才有可能潜得深，因为游得快，可以帮助它们在屏息的有限时间内游到更深的地方，这是它们获取食物的重要手段。鱼龙可以深潜水，重要证据就是它们有一对极大的眼睛。

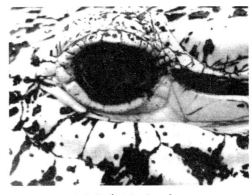

鱼龙长着巨大的眼睛

一种身长只有 9 米的鱼龙拥有一对直径超过 26 厘米的大眼睛，这是人们发现的世界上最大的眼睛。另一种鱼龙很小，只有 4 米，但它们眼睛的直径却超过了 22 厘米，相对于它们的身体而言，这也是一对大得出奇的眼睛。在今天的海洋里也存在着一些大眼睛的动物，例如有一种乌贼，它们眼睛的直径可以达到 25 厘米，蓝鲸的眼睛也可达到 15 厘米。它们的确可以称之为生物界中的大眼冠军了。

格拉斯哥大学的斯蒂尔特·汉菲尔斯和格姆·D·布莱克斯顿发表文章说，在阴暗的海洋里，大眼睛可以收集更多的光线，有利于发

鱼龙的体形与鲨鱼极为相似

现隐藏在深水中的小动物，这样大的眼睛可以使它们拥有更多的机会以捕捉到深水中的鱼类。

有些人不赞同这类观点，他们提出了相反的意见：在现代的哺乳动物中，例如海豹，没有那样大的眼睛，但它们可以在深水中灵活地捕食。布莱克斯顿反驳说：海豹虽然没有大眼睛，但它们拥有其他灵敏的感觉器，例如触须等，触须可以侦测到由动物们的活动搅起的水流变化，但鱼龙却不具备这些器官。

澳大利亚古生物学家本杰明·P·凯尔和另外一位放射线摄影师乔治·考利斯希望通过 CD 扫描技术揭开这个秘密，为此他们展开了研究，研究结果表明：

鱼龙的头骨顶部和上颌之间的确有一道内鼻结构，很像一种嗅觉器官。在头骨内还有一些奇特的印迹，那里可能是它们专门控制视觉和嗅觉的区域。在头骨中，他们还找到了一些很深的凹槽，那些凹槽是神经和血管的通道，神经网络可接受、传递来自鱼龙前方的信息，而凹槽里甚至还可能隐藏一些复杂的感觉系统，例如电场感受器等。鲨鱼就拥有这样的器官，它的传感神经元可以侦测到来自猎物的电场。而亿万年前的鱼龙也拥有类似的侦测系统，尽管它们有很大的眼睛，但它们的正前方则是一块不小的盲区，鱼龙的生存环境要求它们必须拥有这种感觉器官来为它们提供必要的帮助。

地球上的气候变化是决定海洋中鱼龙数量的关键性因素。从化石发现情况看，当气候温暖适宜时，它们便相当繁盛，种类很多，而在气候寒冷恶劣的地质年代，它们的种类就减少了。研究表明：鱼龙和恐龙在同一个时期出现，它们灭绝的时间却并不相同。鱼龙消失于9000 万年前，而恐龙则是在鱼龙灭绝了 2500 万年以后，才突然从地球上消失的。鱼龙的灭绝亦是一个谜，它的灭绝带给海洋水族一个信号：世间事物并非一成不变的，即使你再强大。

海洋之旅
里海"怪兽"

有人说，里海海底存在一个庞大的"海洋人"家族，他们藏身于海洋深处，极少被人们发现。然而，里海沿岸的居民却发现了神秘"湖怪"的身影。这个"海洋人形怪兽"有着与鱼类共通的语言，时而会发出深重的喉声……"湖怪"是否真的存在？又是什么原因诱使它现身湖面呢？

里海南部和西南部的沿海居民都声称在该地区发现了神秘的"湖怪"。这类动物的外形像人，可究竟是一种什么动物，人们不得而知，这件事引起了当地媒体的关注。

伊朗一家报纸根据阿塞拜疆拖捞船"巴库"号上的船员描述，对此事进行了详细报道，里海"怪兽"之谜成为世人茶余饭后的谈论焦点。

"巴库"号船长戈发·盖斯诺夫向人们介绍了发现怪物的始末："那个动物与船并行游动了很长一段时间。起初，我们认为它是一条大鱼，可是到后来，我们发现这个怪物的头上长有毛发，而且它的鳍看起来极为怪异，前身竟然长有两个手臂！"

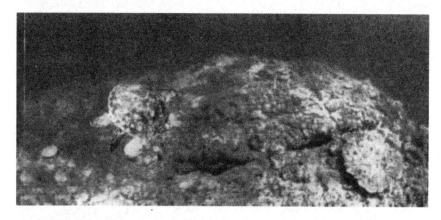

　　盖斯诺夫的话引发了人们的纷纷议论，人们对他的话提出了异议，甚至嘲笑，他们反问船长："里海有这种东西，为什么你们不把它抓上来一探究竟呢？"

　　但也有人对盖斯诺夫的观点表示支持。就在媒体公开了对盖斯诺夫的采访实录不久，这家伊朗报社就收到了读者来信和打来的电话。许多读者认为盖斯诺夫所说的并不荒谬，并声称他们也是目击者。这些读者称："巴库"号船长所描述的目击过程是所谓的"海人"的又一证据。他们声称：里海"怪兽"确实存在，他们可以提供更多的证据。

　　少数人的肯定未必会引起世人的关注，但是提供证据的人越来越多，终于引起了探险者和生物学家们的关注和兴趣。所有的目击者在对这个"海洋人形怪兽"进行描述时说：它的身高在165厘米～168厘米，体格健壮，腹部凸出，有一对鳍足；它的手掌呈蹼状，每个手掌上有四根手指；它的皮肤呈月光色，头上的毛发为黑色和绿色；手臂和双腿与中等身材的人相比短而粗；它的上颌突出，下唇平滑地和颈部连为一体，没有下巴。

　　在伊朗，曾经流传过很多有关成群鱼类陪伴在这个"怪兽"身旁在海中遨游的故事，这个"怪兽"的存在却一直未被人类证实。而关于此"怪兽"的传言似乎更匪夷所思，人们对它的猜测也随之增

多。一些渔民甚至声称，在渔网中还能继续存活一段时间的鱼，能感觉到"怪兽"正从大海深处游上来。据说当这个"怪兽"靠近时，这些网中的鱼会发出"咕噜"声，而在平时，鱼不会发出此类声音。据说"怪兽"会发出相似的喉音，回应这些被捕获的鱼。这些说法听起来更玄妙了。但当地一些研究人员认为，这些说法绝不是空穴来风。此外，居住在位于阿斯特拉汗和连科兰之间村落的阿塞拜疆渔民也纷纷声称他们也发现了此类"怪兽"。

有人说："里海海底其实存在一个水下"海洋人"家族。过去他们身处海底，极少被人发现，可是现在里海污染严重，它们被逼出了"老巢"。里海出现严重的环境污染问题确实不假，受里海近海石油作业频繁增加以及海洋里火山活动复苏的影响，里海的生物生存条件不断恶化。阿斯特拉汗的渔民很长时间以来就抱怨里海鲟鱼的数量不断减少，西鲱和其他一些鱼类已完全绝迹。那么，是污染引发了"怪兽"现象，还是其他因素诱发"怪兽"的出现呢？人们无从得知。

连希腊历史学家希罗多德和希腊古历史学家柏拉图都相信，原始人是一种两栖动物，他们曾建立了一个水下王国。对于两栖"怪兽"，现代的一些医生并不觉得奇怪，人类出现返祖现象是正常的。他们对于"怪兽"现象并不感到惊奇。

1905 年，在圣彼得堡出版的一本题为《宇宙与人类》的科学文集中，记述了在加勒比海曾捕获到一个"海女"的故事。这本书还记载了1876 年，在亚速尔群岛海岸，人们发现了被海水冲到岸上的"两栖人"的尸体。这类记载似乎印证了"怪兽"的存在。

1928 年，在苏联自治共和国卡累利阿也曾出现过关于两栖人形动物的报道，这个动物还曾多次被当地居民看到。位于苏联西北部的彼得罗扎沃茨克大学的一个研究小组曾赴当地调查此事，而他们调查所获得的资料被当局保密封存。更为不幸的是，该研究小组的成员最后在古拉格集中营暴卒而终，人们对这种两栖人形动物的研究线索就此中断了。

里海"怪兽"真的存在吗？为此专家们做了一系列的分析工作。里海水域确有"怪兽"出没，但它可能并非科学家从未见过的怪物，只是因环境污染或其他原因诱发形成的某个畸形动物。从以往资料来看：如果里海中的"怪兽"数量有限，它们早就绝迹了；如果数量庞大，它们肯定会留下证明它们存在的蛛丝马迹。

其次，目击者看到的就是普通的鱼类或其他动物，但人言难测，"怪兽"之说竟成"事实"。

其实里海里根本就没有什么"怪兽"，"怪兽"只是某些人出于个人目的编造出来的。因为迄今为止，那些目击者没有拍到过"怪兽"的照片，更不用说其他证据了。当地人或政府似乎看到"尼斯湖怪兽"产生了巨大旅游效益，也希望仿效一番，以推动当地落后的经济。

伊朗媒体已对里海两栖"怪兽"出没的传闻展开调查。国际科学界也对此提供了帮助，以便能揭开这个所谓"怪兽"的真实面目。可是，一些科学人士并不看好调查结果，因为要调查这类"怪兽"传闻，调查人员不得不面对地方保护主义。地方政府为本地区的利益会设置重重障碍，以阻挠科学调查的实施，这种情况不无可能。也许，"怪兽"的存在将成为永远的谜。

神秘海洋之旅
SHENMI HAIYANG ZHI LÜ

海洋之最

海洋之旅
最大的岛屿

位于北冰洋与大西洋之间的格陵兰岛是世界第一大岛。"格陵兰"意为绿地，该岛由公元 982 年移居此地的挪威人命名。全岛约 80% 的地区处于北极圈内，因此寒冷异常。身处格陵兰岛，你将有机会看到因纽特人的冰屋，体会极地地带特有的美景。

世界上最大的岛屿格陵兰岛是一片白茫茫的冰雪世界，那里的地面上覆盖着厚厚的冰层。格陵兰岛是仅次于南极洲的世界第二大冰库，那里的冰层平均厚度达一千五百多米，如果这里的冰全部融化成水，将能填满世界上最大的陆间海洋——地中海；而如果让它流入海洋，那么全世界的海水就会升高 6 米 ~ 7 米。作为世界第一大岛，格陵兰岛的面积达 217.6 万平方千米，相当于整个西欧的面积，是中国第一大岛——台湾岛的 60 倍。格陵兰岛地处北极圈内，光照时间很短，那里的冬季非常寒冷，经常会出现强烈的暴风雪天气。而在夏季，沿海岸一带则呈现出一片绿色景象。岛上还生存着驯鹿、北极熊、北极狐和海豹等动物，近海还有鲸、鳕鱼和沙丁鱼等。格陵兰岛地下资源丰富，拥有多种金属矿。岛上生活着五万多名居民，多为因纽特人。

海洋之旅
最大的群岛

马来群岛是世界最大的群岛，它散布在太平洋与印度洋之间的广阔海域。其原名为南洋群岛，后因岛上的居民主要是马来人而得名。马来群岛炎热多雨，属于热带雨林和热带季风气候。岛上物产丰富，盛产椰干、油棕等作物，堪称世界上最大的热带作物生产基地。

马来群岛位于亚洲大陆和大洋洲之间，由两万个大小不等的岛屿组成，总面积达 248 万平方千米，被称为"南洋群岛"。无论从岛屿数目还是面积上来讲，南洋群岛都算得上是世界上最大的群岛。

南洋群岛具有典型的热带自然环境，盛产热带作物，其中，椰子、油棕、橡胶、木棉、胡椒、金鸡纳霜等物品的产量在世界上都位于前列。

南洋群岛以其优美的自然风光，吸引着来自世界各地的游客。

海洋之旅
最大的珊瑚礁区

大堡礁是地球上巨大的海洋生物博物馆，有"透明清澈的海中野生王国"的美誉。在澄澈碧蓝的海面上，零星地点缀着一座座色彩斑斓的珊瑚岛礁。当海面波涛汹涌的时候，岛礁内却平静异常。珊瑚礁群中的珊瑚礁艳丽多姿、形态万千，从而构成了奇特的海底景观。

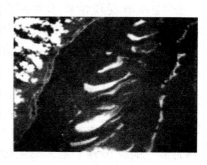

澳大利亚东北海岸外有一系列珊瑚岛礁，总称为"大堡礁"。它沿昆士兰海岸绵延两千多千米，由 3000 个岛礁组成，总面积达 34.5 万平方千米，是世界上最大、最长的活珊瑚礁群。

大堡礁纵贯澳洲的东海岸，全长 2013 千米，最宽处达 240 千米。大堡礁南端离海岸最远有 241 千米；北端离海岸仅 16 千米。在大堡礁群中，色彩斑斓的珊瑚礁有红色、粉色、绿色、紫色和黄色；形状也千姿百态，有鹿角形、灵芝形、荷叶形、海草形，它们共同构成了色彩斑斓的海底景观。这里生活着大约一千五百种热带海洋生物，有

海蜇、管虫、海绵、海胆、海葵、海龟（其中以绿毛龟最为珍贵），以及蝴蝶鱼、天使鱼、鹦鹉鱼等各种热带观赏鱼；而这里的巨毒石鱼、海蜇、巨型海蛇也令人生畏。更让人惊叹的是，在大堡礁的四百多个珊瑚礁群中，有三百多个是活珊瑚岛。大堡礁里多姿多彩的珊瑚景色，吸引世界各地的游客前来观赏。

文明壮观
最大和最小的洋

洋这个词起源于希腊文，早期的希腊人认为，洋是围绕着地球流淌的巨大的河流。从宇宙中看地球，地球是一个蓝色的星球，正是因为有海洋的存在，才产生了地球上的生命；也正是因为海洋的存在，才使我们的星球看上去更加多彩多姿。

太平洋是世界上最大的洋。它位于亚洲、大洋洲、美洲和南极洲之间，东西最宽处有一万九千多千米，南北最长处有一万六千多千米，总面积约 1.8 亿平方千米，占全球总面积的 35%，世界海洋总面积的 50%，超过了世界陆地面积的总和；同时，太平洋也是体积最大的洋，约为七万零七百一十万立方千米。太平洋平均深度为 3957 米，马里亚纳海沟是太平洋的最深处，深度达 11034 米。太平洋有岛屿一万多个，是岛屿最多的大洋，其中较大的岛屿将近三千个。太平洋也是世界上最温暖的大洋，海面平均水温为 19℃，其水产资源也最为丰富，有许多海洋生物，包括浮游动物、浮游植物、两栖动物等。太平洋又是火山地震最频繁的地带，它周围分布着占世界 80% 的火山和地震区，约占世界 70% 的台风也是在太平洋海域中形成的。

北冰洋是世界上最小的洋，它地处亚欧大陆、北美大陆和格陵兰岛之间，面积为一千五百多万平方千米，平均深度约一千二百米，最大深度约五千五百米。白令海峡把北冰洋周边的陆地分为两大部分：一部分是欧亚大陆，另一部分是北美大陆与格陵兰岛。北冰洋从每年 11 月开始进入冬季，一直持续到第二年 4 月。5、6 月份和 9、10 月份是这里的春季和秋季；北冰洋的夏季短暂，只有 7、8 两个月。北冰洋的气温在 1 月份达到最低，约为 -40℃ ~ -20℃；北冰洋气温 8 月份最高，但气温仍在零下。北冰洋 2/3 的海面被冰雪覆盖，由于洋流运动，北冰洋表面的海冰总在不停地漂移。北冰洋里的鱼类主要是北极鲑鱼、鳕鱼等；哺乳动物有海豹、海象、鲸、海豚、北极熊等。北冰洋不仅有丰富的生物资源，而且矿产资源也十分丰富：海底富含锰结核等矿床，已发现的两个海区里可能蕴藏着丰富的石油和天然气。

海洋之旅
最古老的海

蔚蓝深邃的地中海沉淀了古老而悠久的文明，滚滚的波涛似乎在讲述亘古不变的不朽传奇。作为世界最大的陆间海之一的地中海，早在从中生代到新生代的中新世期间，在复杂的相对运动中形成了这一古老的海域，并成为人类文明的摇篮。

地中海是世界上最大的陆间海，更是世界上最古老的海。它位于欧、亚、非三大洲之间，自古就是通往三大洲的交通要道，通过它，埃及、希腊、古罗马的文明得以传播到世界各地。地中海的属海有伊奥尼亚海、亚得里亚海、爱琴海等。地中海的气候非常特别，夏季干热少雨，冬季温暖湿润。周围河流冬季涨满雨水，夏季则干旱枯竭，气象学把这种特殊的气候称为地中海气候。现在，地中海是大西洋的附属海，但在地质史上，它比大西洋还要久远——大约在六千五百万年以前，古地中海是辽阔的特提斯海，范围很大，仅次于太平洋，而那时大西洋尚未形成。

海洋之旅
最热、最咸的海

红海是亚非大陆间的一条断裂谷，因其大部分地区处于副热带，并受副热带高压长期控制以及东西两侧热带沙漠的夹持，故常年气候干燥，温度极高。因此，红海当之无愧地成为世界上最热的海。美丽的红海是大自然的馈赠，其独特的风光更让游人有如临仙境之感。

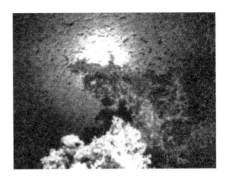

位于非洲东北部与阿拉伯半岛之间的红海，是印度洋的边缘海。因其表层海水中繁殖着一种蓝绿藻，这种海藻死后会变成红褐色，并把海面染红，红海因此而得名。红海是世界上水温最高的海，在8月份，它的表面温度可高达32℃，更让人惊奇的是深海盆区的水温竟可达60℃。红海受副热带高气压带控制，又受到阿拉伯半岛和北非的热带沙漠气候干热风的影响，常年闷热，因此水面温度很高。那么，又是什么原因导致红海深海水温特别高呢？人们根据20世纪60年代海底扩张和板块构造学说推断出：在非洲和阿拉伯半岛之间，地壳下地幔物质对流引起地壳张裂，便形成了今日的红海；海底扩张形成了地壳裂缝，岩浆沿缝隙不断上涌，使海底的岩石不断变热，因而海水温度很高。同时，从陆地上流入红海的淡水很少，蒸发又特别旺盛，所以红海也就成了世界上最咸的海。

海洋之旅

岛屿最多的海

提起雅典，人们自然会联想到碧蓝无垠的爱琴海。在世人的心目中，爱琴海是古老文明的象征。斑驳的城墙遗迹、威严的神像石柱，所有庄重、雄伟的影像全部倒映在爱琴海幽深的碧波之中……爱琴海，这个听起来优雅恬静的名词，时间赋予了它丰富的底蕴和不朽的传奇。

爱琴海是世界上岛屿最多的海，它位于希腊半岛和小亚细亚半岛之间，是地中海的一部分。爱琴海海水湛蓝，沙清洁，几米深的海水依然透明清澈。爱琴海的海岸线非常曲折，数以千计的大小岛屿散布在美丽的爱琴海上，如米诺斯岛、帕罗斯岛、桑托林尼岛等由 145 个小岛组成的基克拉泽斯群岛。作为古希腊文明摇篮的爱琴海是著名的观光避暑和考古胜地：圣托尼岛风景优美，岛上的建筑大多有雪白的墙壁和蓝色的圆形屋顶；萨摩丝雷斯岛因公元 305 年岛上修建的一座胜利女神大理石雕像而闻名于世；米诺斯岛上有三百多间教堂，富有威尼斯情调；最大的克里特岛是爱琴海南部的门户，岛上曾建有规模宏大的宫殿。

海洋之旅
最深的海沟

马里亚纳海沟是一条位于大洋底部的弧形洼地，是地球上最深的地方。马里亚纳海沟地处太平洋板块与亚欧大陆板块的边缘地带，由于两大板块相互碰撞、挤压，使这一地带形成了巨大的海沟。有人曾做过一个极为形象的比喻：马里亚纳海沟的深度甚至可以装得下珠穆朗玛峰。

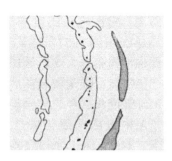

位于太平洋中西部马里亚纳群岛东侧的马里亚纳海沟是世界上最深的海沟。该海沟南北长 2850 千米，宽度为 70 千米，陡崖近乎直立，深深切入了大海的底部。

经科学家们对马里亚纳海沟进行超声波探测发现：马里亚纳海沟形成已有 6000 万年的历史，而且在其西南部还有一条深海沟，但其深度略逊于马里亚纳海沟，马里亚纳海沟是迄今为止世界海洋中已知的最深的地方。

海洋之旅
最大的海湾

孟加拉湾是印度洋北部的海湾，它得名于印度的蒙古邦，其总面积约为 217.2 平方千米，堪称世界第一大湾。孟加拉湾也是热带风暴经常侵袭的地方。海风呼啸而来，卷起层层巨浪，常常给附近的居民带来严重的危害。对此，人们制订了各种预防措施，尽量将危害降到最低。

世界上最大的海湾是孟加拉湾，它属于印度洋的一部分，北靠孟加拉国。恒河和布拉马普特拉河从北部注入孟加拉湾，在湾顶形成了宽广的河口和巨型三角洲。

孟加拉湾是热带风暴孕育的地方：台风产生于西太平洋，袭击菲律宾、中国、日本等国。每年4月~10月的夏秋之交，猛烈的风暴常常伴着海潮，掀起滔天巨浪，呼啸着向恒河、布拉马普特拉河的河口冲去，风浪很急，大雨倾盆，往往造成巨大的自然灾害。

海洋之旅
最大的湖泊

里海位于亚洲与欧洲的交界处，它是世界上最大且蓄水量最多的湖泊。原本里海、黑海与地中海共同为古地中海的一部分，随着地壳的运动、山脉的隆起，里海最终被分割成独立的湖泊。里海的矿产资源丰富，海生植被茂盛，是重要的海底资源宝库。

里海不是海，而是世界上最大的湖泊。它位于亚洲与欧洲之间，西南面和南面是高加索山脉和厄尔布尔士山脉的连绵雪峰。

里海占全世界湖泊总面积的14%，比北美五大湖面积的总和还大，相当于日本本土的总面积。里海南北狭长，形类似于字母"S"，因此它又是世界上最长的湖泊。里海位于荒漠和半荒漠环境中，气候干旱，蒸发非常旺盛，湖水不断减少，含盐量不断增加。此外，那里还常有狂风巨浪。里海原是古地中海的一部分，经过地壳运动，最后分离成为一个内陆咸水湖。

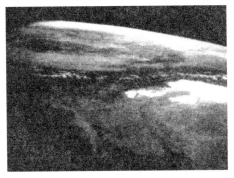

海洋之旅
北极圈之王

北极熊又叫白熊，是一种能在恶劣的自然条件下顽强生存的动物，同时也是北极沿海浮冰与海岸地区最为庞大、最凶猛的食肉性动物。在寒冷的北极环境中，北极熊处于食物链的最高层，在那里，它们几乎没有天敌，可以尽情地享受极地冰雪带来的无限乐趣。

　　北极一年有一半的时间见不到太阳，是地球上最寒冷的地区，外表温驯、性情凶狠的北极熊就生活在这里。北极熊的寿命一般为三十多年，它们体长约 3 米 ~5 米，是熊类中体形最大的。与它们庞大的身体不同的是：北极熊的耳朵和尾巴都极小，这是为了减少身体的表面积，维持体温进化而来的。北极熊全身长满一层浓密雪白的皮毛，同北极的冰雪融为一体，因而它们在捕食的时候不易被猎物发现。北极熊厚厚的皮毛使它们能够抵御北极的严寒，它们的毛其实是透明的，由于反射太阳光，所以看起来是白色的。这种皮毛有助于它们吸收太阳光的能量，进而转化为自身能量以维持北极熊体温。除了鲸和人类，北极熊几乎没有天敌，因而它被称为"北极圈之王"。

　　北极熊的食量很大，为了四处觅食它总要走很远的路。它们每天都在寻找食物，为了捕食海豹，北极熊经常会守在一个冰洞边等上好几个小时。冬天海面被冰封住后，海豹只能依靠冰上的通气孔来呼吸，只要它从冰洞中一探出头，北极熊便会迅速地用前肢一掌将其头骨打碎，然后把海豹拖出水面，这样，海豹就成了北极熊口中的美味佳肴了。

海洋之旅

企鹅王国中的巨人

企鹅是一种不会飞行的鸟类，属于企鹅目，企鹅科，它们是南极冰雪世界中的可爱使者。可以说，企鹅是世界上最不怕冷的鸟类，它们的全身披有浓密的羽毛，且皮下脂肪厚度为 2 厘米 ~ 3 厘米，因此，即便在寒冷的冰天雪地里，企鹅也能自由自在地生活。

帝企鹅是企鹅王国中最大的，也因此成为南极的象征性动物。帝企鹅一般身高 1.2 米，体重可达 40 千克 ~ 50 千克。它们的脖子上长着黄色的"领结"，后背像穿着黑色的"燕尾服"，样子憨态可掬。夏季，帝企鹅主要生活在海上，它们在水中捕食、游泳、嬉戏，这段时间它们会吃饱喝足，把身体养得肥肥壮壮的，以迎接冬季繁殖季节的到来。4 月份，南极就进入初冬了，帝企鹅从水中爬上岸，开始寻找伴侣，繁衍后代。

帝企鹅寻求配偶的方式颇为有趣：假如两只雄企鹅同时爱上了一只雌企鹅，它们会为争夺配偶而斗得面红耳赤，遍体鳞伤。败者夹着尾巴，灰溜溜地离去；胜者则手舞足蹈地迅速奔向"恋人"身边，紧紧地与"恋人"依偎在一起。同样，两只雌企鹅为争夺同一个"丈夫"，也会发生类似的"战争"。雄企鹅是动物界最模范的"丈夫"。在南极冬季 –60℃ ~ –40℃ 的低温下，雌企鹅产下一枚蛋后，雄企鹅就把蛋放在蹼上，用厚厚的肚子压在上面，两只脚夹着蛋来回地移动以保持蛋的温度。雄企鹅们能够坚持两个多月不进食，冬季过去后，雄企鹅往往要因此减少 40% 的体重。

海洋之旅
最大的双壳贝

在神秘的海洋世界中，贝类动物可以说是一类最绚丽多姿的海洋软体动物。它们有色彩斑斓、玲珑可爱的贝壳，让人爱不释手。在贝类动物中，双壳贝是很常见的。世界上最大的双壳贝——砗磲便是其中之一，其体形完全可以与家中的浴盆相比较。

一般人见到砗磲时都会大吃一惊，因为它实在是太大了！砗磲的贝壳又大又厚实，普通情况下长一米，大的则有两米多，重二百五十多千克。砗磲的一扇贝壳比浴盆还要大，用它做浴盆洗澡一定也没有问题。所以砗磲是当之无愧的贝壳之王。

砗磲的贝壳通常为白色，呈放射状，表面披着一层薄薄的灰绿色"外衣"。砗磲有绚丽多彩的外套膜，不仅有孔雀蓝、粉红、翠绿、棕红等鲜艳的颜色，而且还有多色的花纹，像是大海里盛开的美丽花朵。砗磲的寿命很长，它究竟可以活多少年，我们现在还不清楚，有

人估计它可以活数百年。如果真的是这样，那它完全可以与爬行动物中的龟相比了。砗磲主要产于热带海域，一般生活在珊瑚礁间。我国的海南岛、西沙群岛等地区的海域中均有砗磲分布。

海洋之旅
最长的软体动物

鱿鱼是软体动物门头足纲管鱿目开眼亚目的动物。它们的身体细长，呈长锥形。与章鱼不同的是鱿鱼有十只触腕，其中两只较长。这些触腕的前端有吸盘，吸盘内有齿环。鱿鱼喜群聚，尤其是在春夏季交配产卵期。鱿鱼在中国最早的记录始于宋代。

枪乌贼也叫鱿鱼，生活在浅水海域。它们的头和身体都是狭长的，躯干末端尖尖的，和标枪的枪头很像，因此得名枪乌贼。目前人们所知道的最大的枪乌贼有 17 米长，触手长 13 米，是世界上最长的软体动物。枪乌贼是游泳高手，游得很快，其速度可达 50 千米/时，遇到敌害时它们的速度甚至可以达到 150 千米/时。它们流线型的身体可以减少水的阻力，躯干外面包裹着囊状的外套膜，里面是一个空腔和一个外套腔，腔内灌满水，入口便扣上了。挤压外套腔时，里面的水就从颈下漏斗喷出，这样，依靠喷水的反作用力，枪乌贼便可以快速地前进了。枪乌贼吃饱时或没有危险时就用菱形的鳍慢悠悠地划水，身体呈波浪状前进；捕食或遇到危险时，就尾部朝前，头和触手转向尾部紧缩在一起，用喷水方式前进。枪乌贼在遇到环境改变的时候还可以改变自己身体的颜色。在迫不得已时，它们会放出一股乌黑的墨汁，使敌人看不清方向，然后它们会趁机逃脱。

海洋之旅

游得最快的鱼

旗鱼形体庞大，性格凶猛，主要分布在大西洋、印度洋及太平洋，印度尼西亚、日本、美国和我国的东海南部和南海等水域，以小鱼和乌贼类等软体动物为主要食物。旗鱼肉也是日本料理店最常见的生鱼片之一，味道甘美的旗鱼给许多人留下了很深的印象。

旗鱼是世界上公认的游得最快的鱼。旗鱼体形又扁又长，体长一般在三米左右，表皮呈青褐色，上面有灰白色的圆斑，体重为六十千克左右。旗鱼的背鳍又高又长，上面有黑色斑点，像面旗子，它也因此而得名。旗鱼生活在热带和亚热带大洋的上层，这个地方的水流速度很快，如果游泳的速度不快，就可能被冲走。久而久之，在这种环境下磨砺出来的旗鱼的游泳速度也越来越快，短距离时速可达 110 千米，三秒内可游过九十多米，是一般鱼类的 2 倍，是轮船速度的 4

倍~5 倍。旗鱼的嘴巴长而尖，可以很快把水往两旁分开，身体呈流线型，游泳时放下背鳍以减少水的阻力。旗鱼活动范围很广，有时把背鳍和尾鳍露出海面，有时却潜入800 米深的海底。旗鱼性情凶猛，极具攻击力，尖锐的长嘴像一把锯子，曾有船被旗鱼的"锯子"锯成了两截。